产品标准的编写方法

白殿一 等著

中国标准出版社

北 京

图书在版编目（CIP）数据

产品标准的编写方法/白殿一等著．—北京：中国
标准出版社，2017.4（2020.7 重印）
ISBN 978 - 7 - 5066 - 8521 - 4

Ⅰ．①产… Ⅱ．①白… Ⅲ．①产品标准—编写
Ⅳ．①TB497

中国版本图书馆 CIP 数据核字（2016）第 312382 号

中国标准出版社 出版发行
北京市朝阳区和平里西街甲 2 号（100029）
北京市西城区三里河北街 16 号（100045）
网址：www.spc.net.cn
总编室：(010) 68533533 发行中心：(010) 51780238
读者服务部：(010) 68523946
中国标准出版社秦皇岛印刷厂印刷
各地新华书店经销
*
开本 787×1092 1/16 印张 10.25 字数 201 千字
2017 年 4 月第一版 2020 年 7 月第四次印刷
*
定价：89.00 元

前　言

标准是建立技术秩序的主要依据，是技术规则的文件载体。从标准化对象这一维度可以将标准分为产品标准、过程标准和服务标准。产品标准是标准化活动最先关注的对象，它在我国标准体系中占有相当大的比重。随着我国标准化工作改革步伐的加快，团体标准的逐步发展，企业产品标准自我声明公开制度的建立，产品标准将受到各相关方更为广泛的关注。

标准的技术指标是通过标准文本呈现的，因此标准文本的规范性是标准发挥作用的重要前提，标准编写质量将对标准使用的广泛性和应用的有效性起到巨大的影响。规范性地编写标准文本，可以准确地表述标准的技术内容，从而将科学、技术和经验的综合成果恰当地体现在标准中。

编写标准是标准化活动的主要内容之一，涉及标准条款的确立、标准文本的起草两方面的内容。本书在指导编写产品标准时，力图较全面地阐述这两方面的内容，共涉及四个标准文件：GB/T 20001.10—2014《标准编写规则　第10部分：产品标准》以及GB/T 20002.1—2008《标准中特定内容的起草　第1部分：儿童安全》、GB/T 20002.3—2014《标准中特定内容的起草　第3部分：产品标准中涉及环境的内容》、GB/T 20002.4—2015《标准中特定内容的起草　第4部分：标准中涉及安全的内容》。

本书是在基于读者对GB/T 1.1—2009《标准化工作导则　第1部分：标准的结构和编写》有一个较全面的了解的情况下，进一步阐述如何编写产品标准。书中的内容尽量不涉及编写任何标准都会遇到的通用的规则，即使在阐述通用内容时，也将重点集中在指导产品标准的编写。

本书试图从一个全新的角度全方位地论述如何编写产品标准，所述内容兼顾了系统性和可操作性。书中首先厘清什么是产品标准，界定其概念，陈述其与相近文件或相关类型的标准的异同，并细分了产品标准的类型，从而勾画出清晰的产品标准轮廓。在此基础上，指出了如何选择和确立产品标准的条款——技术要素及技术要求的内容，并进一步阐述了如何编写产品标准核心技术要素以及其他技术要素，最后从产品标准的角度阐释了通用要素的编写。

在阐述如何编写产品标准的过程中，全书始终坚持对编写不同类型的产品标准给予指导，包括标准的技术要素、标准名称、范围等各个方面。本书在陈述如何编写标准的同时尽量给出示例，并且注重提供现有标准中的实例，尽可能增加所述内容的可操作性。

本书作者撰写的具体章节为：

白殿一：第一章、第二章，第三章的第一节、第二节，第五章；

逄征虎：第三章的第三节、第四节；

杜晓燕：第四章的第一节、第三节；

刘慎斋：第四章的第二节、第四节、第五节。

全书由白殿一修改并统稿。

本书的出版得到各方面的大力支持。王益谊博士在全书框架和书稿形成过程中参与了讨论，提出了许多有价值的建议；赵朝义博士提供了编写有关人类工效性能的示例；GB/T 20001.10—2014 起草组的专家对标准的形成贡献了他们的智慧；中国标准出版社的编辑人员为本书的出版付出了大量的心血和劳动。在此，全体作者对支持和帮助本书出版的人员表示诚挚的谢意。

鉴于产品标准编写的研究工作还有待进一步深入，加之水平和时间有限，瑕疵和纰漏在所难免，恳请读者予以指出并提出宝贵意见，以便我们不断研究与探讨，持续改进与完善，更好地为广大标准化工作者服务。

著　者

2016 年 10 月 19 日

目　录

第一章　概述 ……………………………………………………………… 1

第一节　产品标准的定位 ………………………………………………… 1

一、什么是产品标准 …………………………………………………… 1

二、产品标准与产品规范 ……………………………………………… 2

三、产品标准与其他以产品为标准化对象的标准 …………………… 2

四、产品标准的类型 …………………………………………………… 3

第二节　产品标准的作用 ………………………………………………… 5

一、为生产者检验产品的符合性提供准则 …………………………… 6

二、为明示产品技术性能提供依据 …………………………………… 6

三、为供需双方签订合同提供技术基础 ……………………………… 6

四、为采购方提供技术规范 …………………………………………… 6

第三节　编写产品标准需要掌握的标准 ………………………………… 6

一、支撑标准制修订工作的基础性国家标准体系 …………………… 7

二、通用标准 …………………………………………………………… 10

三、与产品标准相关的标准 …………………………………………… 11

第二章　产品标准的要素及其选择和确定 …………………………… 13

第一节　产品标准的要素及编排 ………………………………………… 13

一、规范性要素与资料性要素 ………………………………………… 13

二、技术要素与通用要素 ……………………………………………… 14

三、必备要素和可选要素 ……………………………………………… 16

四、产品标准要素的编排 ……………………………………………… 17

第二节　技术要素及技术要求内容的选择原则 ………………………… 19

一、确认标准化对象 …………………………………………………… 19

二、明确标准的使用者 ………………………………………………… 20

三、确定标准的编制目的 ……………………………………………… 21

四、避免重复和不必要的差异 …………………………………… 28
第三节 要素的选择及要素内容的确定 ……………………………… 29
一、核心技术要素内容的确定 ……………………………… 29
二、其他技术要素的选择和确定 …………………………… 31
三、产品标准类型的确认 …………………………………… 31
四、通用要素的选择和确定 ………………………………… 31

第三章 产品标准的核心技术要素的编写 ……………………… 33

第一节 要素"技术要求"的编写及原则 ………………………… 33
一、符合性能特性原则 ……………………………………… 33
二、满足可证实性原则 ……………………………………… 35
三、条款中数值的选择 ……………………………………… 37
四、要求型条款的表述 ……………………………………… 40
第二节 技术要求的主要内容 ……………………………………… 44
一、使用性能 ………………………………………………… 45
二、理化性能 ………………………………………………… 48
三、人类工效性能 …………………………………………… 51
四、环境适应性 ……………………………………………… 53
五、结构 ……………………………………………………… 53
六、材料 ……………………………………………………… 55
七、工艺 ……………………………………………………… 57
第三节 产品标准中的安全要求 …………………………………… 58
一、产品涉及安全的风险要素的分析 ……………………… 58
二、产品涉及安全的风险评定程序与要求 ………………… 61
三、降低产品涉及安全的风险的方法与步骤 ……………… 63
四、产品标准中安全要求的确定和编写 …………………… 64
第四节 产品标准中的环境要求 …………………………………… 73
一、处理产品涉及环境问题的原则与路径 ………………… 74
二、产品标准中环境因素的分析与识别方法 ……………… 78
三、涉及保护环境的产品标准条款的确立原则 …………… 82

第四章 产品标准的其他技术要素的编写 ……………………… 89

第一节 试验方法 …………………………………………………… 89
一、取样的编写 ……………………………………………… 89

　　二、试验方法的编写 ……………………………………………………… 90

　第二节　检验规则 ………………………………………………………… 99

　　一、标准中的检验规则 …………………………………………………… 100

　　二、合格评定程序 ………………………………………………………… 101

　　三、检验规则与合格评定程序的同和异 ………………………………… 101

　　四、产品标准中是否选择检验规则 ……………………………………… 103

　　五、产品标准中的检验规则如何编写 …………………………………… 104

　第三节　分类、编码和标记 ……………………………………………… 108

　　一、分类与命名、编码的关系 …………………………………………… 108

　　二、分类和编码的编写 …………………………………………………… 109

　　三、标准化项目标记的编写 ……………………………………………… 116

　第四节　标志、标签和随行文件 ………………………………………… 120

　　一、标志 …………………………………………………………………… 120

　　二、标签 …………………………………………………………………… 124

　　三、随行文件 ……………………………………………………………… 126

　第五节　包装、运输和贮存 ……………………………………………… 127

　　一、包装 …………………………………………………………………… 127

　　二、运输 …………………………………………………………………… 129

　　三、贮存 …………………………………………………………………… 130

第五章　产品标准的通用要素的编写 …………………………………… 133

　第一节　规范性一般要素的编写 ………………………………………… 133

　　一、标准名称 ……………………………………………………………… 133

　　二、范围 …………………………………………………………………… 139

　　三、规范性引用文件 ……………………………………………………… 145

　第二节　资料性要素的编写 ……………………………………………… 148

　　一、引言 …………………………………………………………………… 148

　　二、前言 …………………………………………………………………… 149

　　三、参考文献 ……………………………………………………………… 151

　　四、索引 …………………………………………………………………… 151

　　五、目次 …………………………………………………………………… 152

　　六、封面 …………………………………………………………………… 152

参考文献 ……………………………………………………………………… 154

第一章 概　述

编写产品标准需要掌握大量的相关知识，首先应清楚什么是产品标准，了解其边界、定位和作用是什么。只有理解产品标准的概念，才能掌握产品标准的核心技术要素和其他技术要素的构成及编写方法。

编写任何标准都要遵守 GB/T 1.1—2009《标准化工作导则　第 1 部分：标准的结构和编写》。编写产品标准在遵照 GB/T 1.1 的基础上，还要依据 GB/T 20001.10—2014《标准编写规则　第 10 部分：产品标准》中的规定。另外，了解和掌握"支撑标准制修订工作的基础性系列国家标准"中的相关标准，也是编写产品标准的必修之课。

本章将详细论述什么是产品标准及其定位和作用，并进一步阐述编写产品标准需要了解或掌握的基础性系列国家标准的框架及相关标准。

第一节　产品标准的定位

准确地界定什么是产品标准，厘清产品标准与其他相关标准的关系与边界，并且详细讨论产品标准的分类，从而明确产品标准在相关标准体系中的位置。只有这样清晰地认识产品标准，才能够有针对性地深入讨论产品标准的编写。

一、什么是产品标准

产品标准是指"规定产品需要满足的要求以保证其适用性的标准"［引自 GB/T 20000.1—2014，定义 7.9］。

标准的分类可以从多个维度进行划分。产品标准这一概念是从"标准化对象"这个维度对标准进行分类后形成的标准种类之一。从上述定义中可以看出，产品标准需要满足两个条件：其一，标准化对象必须是"产品"；其二，标准的内容必须规定产品需要满足的"要求"。这些要求的提出是以保证产品"适用性"为目的的。因此，只有具备了针对产品适用性需要满足的要求才能称为是产品标准。当然，在满足了上述两个条件的基础上，产品标准还可以直接包括或以引用的方式包括诸如术语、分类、试验方法、包装和标志等方面的内容。

在标准化领域，通常将标准化对象表述为"产品、过程或服务"。因此从标准化对象的角度对标准进行划分的结果，除产品标准外，还有"过程标准"和"服务标准"。与产品标准相对应，"过程标准"是指"规定过程需要满足的要求以保证其适用性的标准"；"服务标准"是指"规定服务需要满足的要求以保证其适用性的标准"。从定义可以看出，这三类标准唯一的区别就是标准化对象。

二、产品标准与产品规范

在谈及产品标准时，经常遇到"规范"或"产品规范"这类概念。它们与"产品标准"有什么区别与联系呢？

在弄明白这个问题之前我们先讨论一下另一个相关概念——标准化文件。标准化文件是指"通过标准化活动制定的文件"〔引自 GB/T 20000.1—2014，定义5.2〕。标准化活动的结果之一是产生各类文件，统称为"标准化文件"，其中经过完整的标准制定程序产生的文件叫做"标准"，未经过或未完全经过标准制定程序产生的文件称为"其他标准化文件"。

现在再来讨论"规范"与"产品标准"的关系。规范是指"规定产品、过程或服务应满足的技术要求的文件"〔引自 GB/T 20000.1—2014，定义5.5〕。从该定义可以看出"规范"与"产品标准"的共同点都是规定要求的，它们的主要区别有两点：一是规范所涉及的标准化对象涵盖了产品、过程和服务；二是规范的上位概念是文件，而产品标准的上位概念是标准，也就是说规范是一种文件，它不但包括了标准，还包括了标准之外的其他标准化文件，它是标准化活动产生的标准化文件。可见不论从涉及的标准化对象，还是涵盖的文件种类，规范所涉及的范围都远大于产品标准。

在 GB/T 20000.1—2014 针对规范的定义的注中给出"规范可以是标准、标准的一个部分或标准以外的其他标准化文件"。可见，规范是可以转化成标准的，它能否成为标准关键看是否严格履行了标准制定程序，只有履行了程序，规范才能成为标准。

和产品标准较近的概念为"产品规范"，这类规范的标准化对象与产品标准一致，都是"产品"，不同的是"产品标准"是按照标准制定程序形成的文件，而"产品规范"的形成并没有或没有完全按照标准制定程序形成。同样，一旦产品规范履行了标准制定程序，它就成为了"产品标准"。

三、产品标准与其他以产品为标准化对象的标准

综上所述，产品标准的标准化对象是"产品"，然而并不是以产品作为标准化对象形成的文件就一定是产品标准。产品标准的内容中一定要有针对产品适用性的"要求"这一要素。因此，标准化对象是产品，但标准的内容中没有"要求"这一要素的标准，不能视作"产品标准"。

按照上述准则，虽然标准化对象为产品，但是下述四种情况的标准均不属于产品标准。第一，标准仅包括了术语条目，界定了某类产品中使用的概念的指称及其定义等技术内容，这类标准为"术语标准"。第二，标准仅包括了界定特定领域或学科中使用的符号或标志的表现形式及其含义或名称，以及与符号、标志等相关的其他技术内容，这类标准是"符号标准"或"标志标准"。第三，标准包括了对产品进行有规律的排列或划分，有时带有分类原则等技术内容，这类标准属于"分类标准"。第四，标准包括了描述试验活动并提供得出结论的方式，或者还附有与测试有关的其他条款，例如取样、统计方法的应用、多个试验的先后顺序，甚至说明从事试验活动需要的设备和工具等，这类标准属于"试验方法标准"。

四、产品标准的类型

通过前文的论述，已经清楚地界定了什么是产品标准，区分出了标准化对象是产品、但不属于产品标准的文件或标准。下面将讨论一下产品标准的类型，对产品标准进行进一步细分有助于明确不同类别的产品标准包含的技术要素及其技术内容。

（一）按照标准化对象划分

不言而喻，产品标准的标准化对象一定是产品，然而每个特定标准的标准化对象所针对的具体产品是不同的。以标准化对象为属性可将产品标准分成不同的类型。GB/T 20001.10—2014 适用于有形产品标准的编写，涉及的有形产品通常包括原材料、元器件、零部件，制成品和系统。产品标准所针对的具体产品不同（也就是标准化对象不同），产品所属的类型不同，标准的技术内容就会有差异。按照产品标准的标准化对象对标准进行划分，可以将标准分为以下四类。

1. 原材料标准

原材料是原料和材料的统称。原料通常指没有经过加工制造的材料，例如用以纺纱的棉花，制造面粉的小麦，都是原料，是经过人类采集但未加工或初步加工的对象。材料是用于制造物品、器件、机器或其他产品的物质。

以原料或材料为标准化对象的产品标准称为原材料标准，例如 GB/T 12214—1990《熔模铸造用硅砂、粉》、GB/T 3078—2008《优质结构钢冷拉钢材》。根据原材料的特点，原材料标准中的技术要求常常首选对原材料的理化性能进行规定。

2. 零部件或元器件标准

零部件是零件和部件的统称。零件通常指机械中不可分拆的单个制件，是机器的基本组成要素，也是机械制造过程中的基本单元，例如螺母、曲轴、叶片、齿轮、连杆体等，其制造过程一般不需要装配工序。部件是机械的一部分，由若干装配在一起的零件组成。在机械装配过程中，先将零件装配成部件（部件装配），然后才进入总装配。在电子、电器或无线电工业中将电子电路中的独立个体称为"元器件"。

以零部件或元器件作为标准化对象的产品标准称为零部件或元器件标准，例如 GB/T 67—2016《开槽盘头螺钉》、GB/T 4023—2015《半导体器件　分立器件和集成电路　第 2 部分：整流二极管》。由于零部件、元器件是构成机械、电器等设备的基本单元，因此便于接口、互换性和利于品种控制会成为编制零部件（或元器件）标准的主要目的之一。标准中通常含有满足这些目的的技术要求，包括结构要求、理化性能，或许材料要求会成为零部件标准中通常要考虑的技术内容。

3. 制成品标准

制成品是指在一个工业企业内完成全部生产过程，经检验符合规定的技术要求，并可销售供社会使用的合格产品。

以制成品作为标准化对象的产品标准称为制成品标准，例如 GB/T 25677—2010《印刷机械　卷筒纸平版印刷机》。产品标准涉及的"制成品"是指终端产品（通常由元器件、零部件组装而成），这些产品无需加工就能够被终端用户使用。

这类标准中的规定常常首选从使用性能的角度提出技术要求，还会考虑人类工效性能，而理化性能常常被考虑作为使用性能的间接指标。

4. 系统标准

系统是由相互作用相互依赖的若干产品或组成部分结合而成、具有特定功能的有机整体。

以系统作为标准化对象的产品标准称为系统标准，例如 GB/T 24716—2009《公路沿线设施太阳能供电系统通用技术规范》、GB/T 24833—2009《1 000 kV 变电站监控系统技术规范》。

由于系统是由各组成部分所构成，系统整体功能的发挥依赖于各部分功能的发挥，因此接口、相互配合以及兼容性成为编制系统标准需要考虑达到的主要目的。系统标准中需要规定满足这些目的的技术要求，在对系统各部分提出要求的同时，对接口的尺寸及功能要求是系统标准通常要考虑的技术内容。

（二）按照标准的技术要素及其技术内容划分

按照产品标准的编制目的，不同标准所包含的技术要素及其技术内容就会不同。根据标准中包含的技术要素及其技术内容可以将标准划分成四个类型：技术要求类产品标准、规范类产品标准、完整的产品标准、通用类产品标准等。这四个类型的产品标准，其标准名称中应有反映各自类型特征的"用语"［见第五章第一节"一"中的（二）］，其范围中亦有反映各类型特点的典型表述［见第五章第一节"二"中的（二）］。

1. 技术要求类产品标准

如果产品标准中不包含"试验方法""检验规则"两个要素，但包含了"多种类型的技术要求"或"单一类型的技术要求"，根据需要可含有分类、术语和定义等技术要素，则该类标准属于"技术要求类产品标准"。例如，GB/T 14555—2015《船用导航雷达接口及安装要求》等。

2. 规范类产品标准

规范标准是指"规定产品、过程或服务需要满足的要求以及用于判定其要求是否得到满足的证实方法的标准"［引自 GB/T 20000.1—2014，定义 7.6］。

从上述定义中，可以得出规范类产品标准是指"规定产品需要满足的要求以及用于判定其要求是否得到满足的证实方法的标准"。也就是说产品标准的核心技术要素（见第二章第一节的"二"）只要包含了"技术要求"和"试验方法"两项内容，而不管是否还包含了其他技术要素，以及包含什么其他技术要素，该标准则属于"规范类产品标准"（或称为"产品规范标准"）。

3. 完整的产品标准

完整的产品标准需要满足两个条件：第一，核心要素"技术要求"中包含了满足适用性目的的全部技术内容；第二，标准的技术要素包含了特定产品的所有基本方面，具体来说就是包含了"分类、标记和编码，试验方法，标志、标签和随行文件"等要素。

请注意，完整的产品标准并不意味着是最好的产品标准。完整主要指包含的要素及技术内容的完整。衡量一个标准的好坏，关键看它的适用性，是否满足了编制标准的目的。例如，如果编制标准的目的是保证安全，则标准中只要包含了所有与安全有关的技术要求，并不需要包含满足其他目的的技术要求，从满足产品的全部适用性的目的来看，该标准的技术要求并不完整，但从满足保证安全这一目的来看，它仍是一个适用的、好的标准。

4. 通用类产品标准

如果标准中规定的技术内容适用于一类或多种产品，则该类标准属于通用类的产品标准，通常包含"通用规范类"或"通用技术要求类"产品标准。

第二节　产品标准的作用

产品标准的标准化对象是人类活动的结果——产品。产品标准具有为活动的结果提供规则或特性的功能，通过为产品提供特性，从而确立了生产、贸易的规则。通过实际应用产品标准，良好的经济秩序得以建立。

一、为生产者检验产品的符合性提供准则

产品标准可以为生产者检验最终产品、判断产品的符合性提供准则。生产者可以在产品生产流程中设置试验、检验等环节，通过利用产品标准中规定的可证实的技术要求和证实方法，逐项验证、判定产品是否合格，及时掌握所生产的产品是否与标准中规定的指标相符合，并进一步确定产品能否出厂流通。

二、为明示产品技术性能提供依据

通过产品标准的发布，提供了一套明确公开的产品性能特性及其指标，从而为各方提供了明示的可交流的依据，为贸易活动建立了规则。生产方可以通过声明并明示其生产的产品符合相应的标准，采购方可以依据标准进行采购，认证机构可以依据标准进行认证活动。

三、为供需双方签订合同提供技术基础

在供需双方签订的贸易合同中，通常都含有关于产品技术指标的条款。供方提交货物、需方验收货物都以此为依据。当产品的供需双方洽谈贸易时，在需方没有十分清晰的采购标准的情况下，如果所涉及的领域中已经存在相应的产品标准（国家、行业或企业标准），则该产品标准可以为供需双方提供一个商洽的技术基础，供需双方可在这个基础上，就一些技术指标进行商洽，就相应的试验方法进行选择，达成双方认可的合同。以标准为基础形成技术合同，大大节约了人力和时间成本，促进了供需双方的共同效益。

四、为采购方提供技术规范

产品的采购标准规定产品的特性及其特性值，并给出验证方法，或者还会规定检验规则。采购方依据自己制定的采购标准，或者按照行业发布的产品标准进行采购，可以依据标准中规定的产品特性指标，按标准中给出的试验方法或检验规则对供方提供的产品进行检验，从而判定产品是否合格，并以此为依据完成采购活动。在这里采购标准为产品的采购活动提供了技术规范，使采购活动有据可依。

第三节　编写产品标准需要掌握的标准

大家知道，编写产品标准需要遵守 GB/T 20001.10—2014《标准编写规则　第10部分：产品标准》。但是要想编写一个高质量的产品标准，仅遵守这一个标准还

是远远不够的，首先 GB/T 1.1—2009《标准化工作导则　第 1 部分：标准的结构和编写》是适用各类标准编写的最基础的标准，应该很好地掌握。目前针对标准制修订工作，我国已经发布了一系列标准，形成了"支撑标准制修订工作的基础性国家标准体系"。下面将对该标准体系进行全面介绍，并重点阐述该标准体系中与编写产品标准有关的通用标准和其他相关标准。

一、支撑标准制修订工作的基础性国家标准体系

截至 2016 年 9 月，我国已经形成了由标准化工作导则、指南、编写规则、特定内容起草和标准制定的特殊程序等标准构成的支撑标准制修订工作的基础性国家标准体系，见表 1-1。从表 1-1 可以看出，该标准体系由 5 项标准构成，其中大多标准又分成若干部分。

GB/T 1《标准化工作导则》适用于所有标准的编写。在编制任何标准的时候都应该按照 GB/T 1.1 的规定编写标准文本并且按照 GB/T 1.2 的规定履行标准制定程序。

GB/T 20000《标准化工作指南》是一个指南类的标准。对涉及标准化的相关工作提供原则、指导或方向性的、宏观的建议，包括建立标准化活动概念体系的 GB/T 20000.1，提供标准化良好行为的 GB/T 20000.6，指导如何采用国际标准化文件的 GB/T 20000.2 和 GB/T 20000.9，提供引用文件原则的 GB/T 20000.3，以及给出建立标准制定程序阶段代码系统遵照的原则和指南的 GB/T 20000.8。

GB/T 20001《标准编写规则》是为编写各类标准建立的规则。在遵守 GB/T 1.1 的前提下，编写产品应该遵守 GB/T 20001.10 的规定，编写术语标准、符号标准、分类标准、试验方法标准应分别遵守 GB/T 20001.1～20001.4 的规定。另外，编写规范标准、规程标准以及指南标准将要遵守 GB/T 20001.5～20001.7（目前正在编制中）。

GB/T 20002《标准中特定内容的起草》是指导起草标准中某些特定内容的标准，如提供标准中涉及安全、儿童安全内容编写的 GB/T 20002.4、GB/T 20002.1，涉及老年人和残疾人需求的相关内容编写的 GB/T 20002.2 以及产品标准中涉及环境内容编写的 GB/T 20002.3。

GB/T 20003《标准制定的特殊程序》是为特定情况建立的标准制定的特定程序的标准。GB/T 20003.1 就是规范标准编制过程中为处理专利问题而设立的特定程序，在制定标准时应遵守该标准的规定。

GB/T 20004《团体标准化》是指导如何开展团体标准化活动的标准。GB/T 20004.1 提供了团体开展标准化活动的一般原则，以及团体标准制定机构的管理运行、团体标准的制定程序和编写规则等方面的良好行为指南。

表 1-1 支撑标准制修订工作的基础性国家标准体系

类别	标准编号	标准名称	代替标准编号	对应的国际标准、导则或指南
导则	GB/T 1.1—2009	标准化工作导则 第 1 部分：标准的结构和编写	GB/T 1.1—2000、GB/T 1.2—2002	ISO/IEC Directives— Part 2：2004（第五版）
	GB/T 1.2—201×①	标准化工作导则 第 2 部分：标准制定程序	GB/T 16733—1997	ISO/IEC Directives—Part 1：2015（第六版）
指南	GB/T 20000.1—2014	标准化工作指南 第 1 部分：标准化和相关活动的通用术语	GB/T 20000.1—2002	ISO/IEC Guide 2：2004
	GB/T 20000.2—2009	标准化工作指南 第 2 部分：采用国际标准	GB/T 20000.2—2001	ISO/IEC Guide 21-1：2005
	GB/T 20000.3—2014	标准化工作指南 第 3 部分：引用文件	GB/T 20000.3—2003	—
	GB/T 20000.6—2006	标准化工作指南 第 6 部分：标准化良好行为规范		ISO/IEC Guide 59：1994
	GB/T 20000.7—2006	标准化工作指南 第 7 部分：管理体系标准的论证和制定		ISO Guide 72：2001
	GB/T 20000.8—2014	标准化工作指南 第 8 部分：阶段代码系统的使用原则和指南		ISO Guide 69：1999
	GB/T 20000.9—2014	标准化工作指南 第 9 部分：采用其他国际标准文件		ISO/IEC Guide 21-2：2005
	GB/T 20000.10—2016	标准化工作指南 第 10 部分：国家标准的英文译本翻译通则		—
	GB/T 20000.11—2016	标准化工作指南 第 11 部分：国家标准的英文译本通用表述		—

① 已经形成报批稿，到目前为止还未发布。

表1—1（续）

类别	标准编号	标准名称	代替标准编号	对应的国际标准、导则或指南
编写规则	GB/T 20001.1—2001	标准编写规则 第1部分：术语	GB/T 1.6—1997	ISO 10241:1992
	GB/T 20001.2—2015	第2部分：符号标准	GB/T 20001.2—2001	—
	GB/T 20001.3—2015	第3部分：分类标准	GB/T 20001.3—2001	—
	GB/T 20001.4—2015	第4部分：试验方法标准	GB/T 20001.4—2001	—
	GB/T 20001.5—201×	第5部分：规范标准	—	—
	GB/T 20001.6—201×	第6部分：规程标准		—
	GB/T 20001.7—201×	第7部分：指南标准		
	GB/T 20001.10—2014	第10部分：产品标准	—	
特定内容起草	GB/T 20002.1—2008	标准中特定内容的起草 第1部分：儿童安全	GB/T 13433—1992	ISO/IEC Guide 50:2002
	GB/T 20002.2—2008	第2部分：老年人和残疾人的需求	—	ISO/IEC Guide 71:2001
	GB/T 20002.3—2014	第3部分：产品标准中涉及环境的内容	GB/T 20000.5—2004	ISO/IEC Guide 64:2008
	GB/T 20002.4—2015	第4部分：标准中涉及安全的内容	GB/T 20000.4—2003	ISO/IEC Guide 51:2014
特殊程序	GB/T 20003.1—2014	标准制定的特殊程序 第1部分：涉及专利的标准	—	—
团体标准化	GB/T 20004.1—2016	团体标准化 第1部分：良好行为指南	—	—

二、通用标准

下面介绍的四个文件，在支撑标准制修订工作的基础性系列国家标准中适用于任何种类标准的编写，因此称它们为通用标准。

（一）GB/T 20000.1—2014《标准化工作指南　第1部分：标准化和相关活动的通用术语》

GB/T 20000.1—2014 是从事标准化活动必须掌握的文件。该文件建立了标准化活动最基本的概念体系：严格界定了标准化与标准、标准化的目的、标准化文件与标准的分类、标准化文件的负责机构、标准制定过程、标准的协调及标准的应用等。对 GB/T 20000.1 中界定的基本概念的掌握是更好地理解本书必不可少的条件。

（二）GB/T 1.1—2009《标准化工作导则　第1部分：标准的结构和编写》

GB/T 1.1—2009 是从事各类标准编写的人员必须掌握的文件。该文件具有普遍适用性，编写任何标准都应该首先遵守 GB/T 1.1 的规定。GB/T 1.1—2009 规定了编写标准需要遵照的总体原则、标准的结构、标准起草与表述规则，以及标准的编排格式。编写任何产品标准都应在遵守 GB/T 1.1 的规定的基础上，再遵照 GB/T 20001.10 关于产品标准编写的规定。

（三）GB/T 20000.2—2009《标准化工作指南　第2部分：采用国际标准》

GB/T 20000.2—2009 是以国际标准为基础制定我国标准需要遵守的文件。该文件规定了国家标准与国际标准一致性程度的判定方法、采用国际标准的方法、识别和表述技术性差异和编辑性修改的方法、等同采用 ISO 和 IEC 标准的国家标准编号方法，以及国家标准与相应国际标准一致性程度的标示方法等。在编写与国际标准存在一致性程度的我国产品标准时，应遵守 GB/T 20000.2 中确定的规则。

（四）GB/T 20003.1—2014《标准制定的特殊程序　第1部分：涉及专利的标准》

GB/T 20003.1—2014 是确立在标准制修订过程中处理涉及专利问题所遵守的特殊程序的文件。该文件规定了标准制定和修订过程中涉及专利问题的处置要求，包括必要专利信息的披露、必要专利实施许可声明、相关信息的公布、会议要求、文件要求等，同时规定了标准制修订的各个阶段处理专利问题所应遵守的特殊程序。在编制国家、行业产品标准时，需要慎重处理涉及的专利问题，要遵守 GB/T 20003.1 规定的特殊程序。

三、与产品标准相关的标准

下面介绍的六个文件与编写产品标准密切相关，在编写产品标准时如涉及相关的内容，需要遵守其中的相关规定。

（一）GB/T 20001.3—2015《标准编写规则 第 3 部分：分类标准》

GB/T 20001.3—2015 是指导如何编写分类标准的文件。该文件规定了分类标准的结构、分类原则、分类方法和命名、编码方法和代码等内容的起草表述规则，并规定了分类表、代码表的编写细则。编写产品标准常常会遇到编写技术要素"分类""编码"的内容，这时首先应遵守 GB/T 20001.10—2014 中 6.4 的规定，如需要可参考 GB/T 20001.3 中有关分类、编码的相关规定。

（二）GB/T 20001.4—2015《标准编写规则 第 4 部分：试验方法标准》

GB/T 20001.4—2015 是指导如何编写试验方法标准的文件。该文件规定了试验方法标准的结构、试验原理、试验条件、试剂或材料、仪器设备、样品、试验步骤、试验数据处理、试验报告等内容的起草规则。编写产品标准常常会遇到编写技术要素"试验方法"的内容，这时首先应遵守 GB/T 20001.10—2014 中 6.6 和 6.7 的规定，如需要可参考 GB/T 20001.4 中有关试验方法的相关规定。

（三）GB/T 20002.1—2008《标准中特定内容的起草 第 1 部分：儿童安全》

GB/T 20002.1—2008 是一个指导起草标准中涉及儿童安全的特定内容的文件。该文件提供了儿童使用或接触产品、过程或服务（它们可能并不是专门为儿童设计）可能给儿童带来的意外身体伤害（危险）问题的框架，以减少对儿童的伤害风险。GB/T 20002.1 提供了儿童安全防护的一般方法，分析了与产品相关的危险以及它们伤害儿童的可能性，并提供了已报告的伤害方式的实例，以帮助标准起草者更好地理解危险。在编写产品标准时，如果需要在考虑避免产品可能对儿童造成的伤害的基础上起草相关的内容，应按照 GB/T 20002.1 中的规定处理有关问题，起草相关条款。

（四）GB/T 20002.2—2008《标准中特定内容的起草 第 2 部分：老年人和残疾人的需求》

GB/T 20002.2—2008 是一个指导起草标准中涉及老年人或残疾人需求的特定

内容的文件。该文件给出了在标准制定过程中需要考虑的事项，用表格形式清楚给出了确保标准包含无障碍设计需要考虑的因素，提供了无障碍设计需要考虑的具体因素，并详细解释了人的能力及损伤后果，以便于编制标准时考虑。在起草产品标准时考虑到老年人或残障人的需求而规定相应的无障碍要求，可以进一步提高产品的适用性，不仅方便了老年人或残疾人，也便于人们在特殊状态下（如眼镜丢失、腿脚骨折、携带大件行李等）更好地使用产品。因此在起草产品标准中涉及老年人、残疾人需求的有关内容时，按照 GB/T 20002.2 提供的指导和考虑要点起草相关的条款，将会提高标准的适用性。

（五）GB/T 20002.3—2014《标准中特定内容的起草　第 3 部分：产品标准中涉及环境的内容》

GB/T 20002.3—2014 是产品标准的编写者需要了解的标准。当产品标准中需要处理涉及环境的问题时，应该掌握 GB/T 20002.3 的内容，按照标准的指导编写涉及环境的特定内容。GB/T 20002.3 提供了编写产品标准时处理环境内容的基本原则和途径，产品标准中需考虑的环境因素，产品环境因素的识别，并给出了将环境条款纳入产品标准的指南。

（六）GB/T 20002.4—2015《标准中特定内容的起草　第 4 部分：标准中涉及安全的内容》

GB/T 20002.4—2015 是产品标准的编写者需要了解的标准。当产品标准中需要处理涉及安全的问题时，应该按照 GB/T 20002.4 的指导编写涉及安全的特定内容。GB/T 20002.4 涉及了有关人身、财产或环境方面的安全内容，它对如何实现可容许风险提供了指导，划分了涉及安全的标准的种类，并给出了起草标准过程中如何考虑安全因素的指南。

第二章 产品标准的要素及其选择和确定

在对产品标准的边界、定位和作用，以及编写产品标准需要掌握的标准有了一个清晰的了解之后，将进入我们的主题——产品标准的编写。编写标准首先要知道一个标准的构成要素是什么，这些要素及其内容是如何选择和确定的，以及最终的标准是如何一步步构建完成的。

本章将就上述内容进行详细的讨论，包括从多个维度阐述产品标准的要素，详细论述"技术要素"的选择原则，以及如何选择和确定标准的所有要素，直至搭建标准的主体框架。

第一节 产品标准的要素及编排

按照产品标准内容的功能，可以将标准的内容划分成一个个相对独立的功能单元——要素。按照不同的维度，如要素的规范性和资料性、要素的特殊性和普遍性，以及要素的必备与否的状态，可以将标准中的要素划分成不同的类别。在产品标准中这些要素的有序编排形成了标准的基本框架。

一、规范性要素与资料性要素

按照要素性质这一维度可以将一个标准中的所有要素分为两类：规范性要素和资料性要素。将标准中的要素划分为规范性要素和资料性要素的目的就是要区分出：在声明符合某项标准时，哪些要素的内容必须研读，哪些要素的内容无需研读。

要想使得一个产品符合某项标准，或打算声明一个产品符合某项标准时，标准中的规范性要素的内容是必须研读的要素，而资料性要素则无需研读。只有逐条研读规范性要素，才能理解标准中的规定，并进一步掌握哪些条款是标准推荐的，条件允许的情况下需要尽可能遵守；哪些条款是标准要求的，只有严格执行才能符合标准。虽然资料性要素无需研读，但了解其内容可以更好地理解和使用标准。

（一）规范性要素

规范性要素是"描述标准的范围或陈述条款的要素"。规范性要素的主要作用是表述标准的各类条款。如果按照规范性要素在标准中的位置进一步划分，可以将其分为两类：规范性一般要素和规范性技术要素。

1. 规范性一般要素

这类要素的性质是规范性的，它在标准中位于正文中靠前的位置，即标准名称、范围、规范性引用文件等三个要素。一般要素的作用是"表述标准的名称、范围，给出对于标准的使用必不可少的文件清单"。

2. 规范性技术要素

这类要素的性质是规范性的，它是标准正文的主要内容。产品标准的规范性技术要素通常包括：术语和定义，符号、代号和缩略语，分类、标记和编码，技术要求，取样，试验方法，检验规则①，标志、标签和随行文件，包装、运输和贮存，规范性附录等。产品标准技术要素的作用是"规定、描述或界定产品标准的技术内容"。

（二）资料性要素

资料性要素是"标示标准、介绍标准、提供标准附加信息的要素"。资料性要素的主要作用是提供附加信息或资料，从而提高标准的适用性。请注意，某些资料性要素（例如封面、前言）是标准的必备要素（见下文中的"三"）。

如果按照资料性要素在标准中的位置进一步划分，可以将其分为两类：资料性概述要素和资料性补充要素。

1. 资料性概述要素

这类要素的性质是资料性的，它在标准中位于正文之前的位置，即封面、目次、前言、引言等四个要素。概述要素的作用是"标示标准，介绍内容，说明背景、制定情况以及该标准与其他标准或文件的关系"。

2. 资料性补充要素

这类要素的性质是资料性的，它在标准中位于正文之后。除了规范性附录之外的三个要素：资料性附录、参考文献、索引。补充要素的作用是"提供附加信息，以帮助进一步理解或使用标准"。

二、技术要素与通用要素

按照特殊性和普遍性这一纬度对要素进行划分，可以将标准中的要素分为两类：技术要素和通用要素。将标准中的要素划分为技术要素和通用要素的目的就是要指出仅适合某类标准的要素和普遍适用于各类标准的要素。

"技术要素"的内容具有特殊性。技术要素及其内容的选择和确定过程与标准化

---

① 适用于企业标准。

对象、标准的使用者以及制定标准的目的有关（见本章的第二节、第三节），因此每个标准的技术要素的具体内容都会不同。"通用要素"的内容具有普遍性。它适用于各类标准，只要选择了某个通用要素，其要素的标题就会相同，要素内容的表述形式具有共同的特点。

（一）技术要素

技术要素是表述标准技术内容的，是某标准区别于其他标准的关键要素。标准中技术要素之外的要素的编写都与技术要素的内容有关，都源于这类要素。

1. 核心技术要素

核心技术要素决定了一个标准的类型。换句话说，不同类型的标准其核心技术要素就会不同，它是一个标准之所以成为某类标准的决定性要素，例如，术语标准的核心技术要素是术语及其定义；试验方法标准的核心技术要素是样品、试验步骤和试验数据处理；规范类标准的核心技术要素为"技术要求"和"证实方法"；产品标准的核心技术要素为"技术要求"。

2. 其他技术要素

一个标准的核心技术要素之外的技术要素可以统称为其他技术要素。产品标准的其他技术要素包括：术语和定义，符号、代号和缩略语，分类、标记和编码，取样，试验方法，检验规则，标志、标签和随行文件，包装、运输和贮存等。

（二）通用要素

通用要素指只要标准中选择了这类要素，要素的名称以及所含内容（虽然具体内容不同）的类型或形式以及编写规则就是通用的。例如，规范性引用文件这一要素，首先，任何标准中只要有这一要素，其名称一定是"规范性引用文件"；其次，所有标准中该要素一定由引导语与规范性引用的文件清单构成，并且清单的列出方式及组成原则也是一致的。再如，前言这一要素的名称"前言"在任何标准中都是不变的，前言的内容都是在固定的供选择的事项中根据具体标准的情况筛选出来的。

标准中的通用要素包括了前文提到的"规范性一般要素"和"资料性要素"，具体包括：标准名称、范围、规范性引用文件，封面、目次、前言、引言、资料性附录、参考文献和索引。换一句话也可以说，通用要素就是规范性一般要素和资料性要素的总称。

图2-1表明了将产品标准的要素按照性质划分为规范性要素、资料性要素，以及按照特殊性和普遍性划分为技术要素和通用要素后，各类型要素中包含的具体要素以及它们之间的关系。

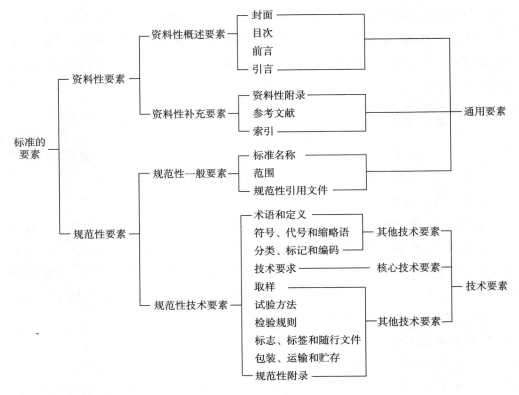

图 2 - 1 产品标准的要素

三、必备要素和可选要素

按照要素在标准中是否必须具备的状态维度来划分，可将标准中的要素划分为两类：必备要素和可选要素。将标准中的要素划分为必备要素和可选要素的目的就是要明确标准中哪些要素是必须存在的，哪些要素是可酌情取舍的。

（一）必备要素

必备要素是在标准中必须存在的要素，也就是说在任何单独的标准或任何单独发布的标准的某个部分中都应有这类要素。

标准的资料性概述要素中有两个必备要素，即封面和前言；规范性一般要素中也有两个必备要素，即标准名称和范围；产品标准的规范性技术要素中有一个必备要素，即技术要求。

（二）可选要素

可选要素在标准中并非必须存在，其存在与否视标准条款的具体需要而定。也就是说可选要素是那些在某些标准中可能存在，而在另外的标准中就可能不存在的要素。例如：在某一标准中可能具有"规范性引用文件"这一要素；而在另一个标准中，由于没有规范性地引用其他文件，所以标准中就不存在这一要素。因此，"规范性引用文件"这一要素是可选要素。产品标准中除了"封面、前言、标准名称、范围和技术要求"这五个要素之外，其他要素都是可选要素。

图2－2表明了按照必备和可选状态划分后的要素类型和包含的具体要素。

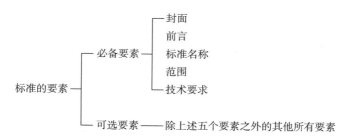

图2－2　按照必备和可选的状态划分产品标准的要素

四、产品标准要素的编排

前文陈述了按照不同的维度将标准的内容分成的不同种类的要素。下面将阐述在标准中如何编排这些要素并形成标准的基本框架。

（一）产品标准要素的编排以及允许的表达方式

表2－1中给出了综合上述各种划分方法后，产品标准中各种要素的类型及具体要素的典型编排，表中还列出了要素所允许的表述形式。

表2－1　产品标准中要素的典型编排

要素类型		要素[a] 的编排	要素所允许的表述形式[a]
通用要素	资料性概述要素	**封面**	**文字**
		目次	文字（自动生成的内容）
		前言	**条文** *注、脚注*
		引言	*条文、图、表、注、脚注*
	规范性一般要素	**标准名称**	**文字**
		范围	**条文** 图、表 *注、脚注*
		规范性引用文件	文件清单（规范性引用） *注、脚注*

表 2－1（续）

要素类型		要素[a] 的编排	要素所允许的表述形式[a]
技术要素	规范性技术要素	术语和定义 符号、代号和缩略语 分类、标记和编码 **技术要求** 取样 试验方法 检验规则 标志、标签和随行文件 包装、运输和贮存 规范性附录	**条文**、图、表 *注*、*脚注*
通用要素	资料性补充要素	*资料性附录*	*条文、图、表、注、脚注*
技术要素	规范性技术要素	规范性附录	**条文**、图、表 *注*、*脚注*
通用要素	资料性补充要素	*参考文献*	*文件清单（资料性引用）、脚注*
		索引	*文字（自动生成的内容）*
注：表中各类要素的前后顺序即其在标准中所呈现的具体位置。			
[a]黑体表示"必备要素"；正体表示"规范性要素"；斜体表示"资料性要素"；带下画线的表示"核心技术要素"。			

（二）产品标准要素的选择、拆分及合并

在编写一项标准时，除了"技术要求"外，表中所列的规范性技术要素可根据具体情况进行取舍（见本章的第二节、第三节），还可以包含表中没有列出的其他规范性技术要素。例如某项标准中的技术要素包括：术语和定义、代号、性能等级的标记制度、材料要求、技术要求、试验方法的适用性、试验方法、标志等。

产品标准的核心技术要素"技术要求"是一个统称。这一要素也可针对具体的情况进行拆分，如可以分为：通用要求、可用性要求、安全要求、接口互换要求等，它们共同构成了产品标准的"技术要求"这一核心技术要素，无论它们分别作为独立的章，还是作为"技术要求"一章中分设的条。

根据具体情况，产品标准的要素"试验方法""分类、编码和标记"可以与要素"技术要求"合并（见第四章第一节、第三节）；要素"取样"可以与要素"试验方法"合并（见第四章第一节）；要素"符号、代号和缩略语"可以与要素"术语和定

义"合并。

为了便于用户（不仅可包括制造商和购买者，而且还可包括希望引用标准的认证机构、测试实验室以及法规制定机关）使用标准，应清楚区分有可能分别引起各相关方关注的产品的某些方面，如：

——性能要求；

——健康和安全要求；

——维修和服务要求；

——安装规则。

可以采取以下方法进行划分：分别使用单独的"章"；最好使用单独的标准或一个标准的单独的部分。当需要规定产品应附带的针对安装者或使用者的警示事项或说明并规定其性质的时候，由于维修、服务、安装或使用要求并不属于产品本身，应在一个标准的单独的部分或单独的标准中规定相关内容。

第二节　技术要素及技术要求内容的选择原则

产品标准中需要包含哪些技术要素，应该规定产品诸多特性中的哪些特性，这是在具体编写产品标准之前需要解决的两个问题。按照第一节的阐述，产品标准中的技术要素"技术要求"是必备要素，所有标准都应该包含这一要素。产品标准只需要选择包含的其他技术要素以及"技术要求"中包含的具体内容。产品标准技术要素及技术要求内容的选择需要考虑"标准化对象""标准的使用者""标准的编制目的"这三个因素，以及"避免重复和不必要的差异"这一原则。这些因素和原则影响着标准整体结构的搭建及具体技术内容的选择与确定。

一、确认标准化对象

标准化对象与标准中规定的技术内容密切相关，也就是说标准化对象不同，产品标准中核心技术要素"技术要求"的内容就会不同，标准中规范性技术要素的类别也会不同。

就产品标准而言，标准化对象就是产品。这里的"确认"指，在对产品进行标准化之前，要对标准化对象进行分析，以便进一步确认拟标准化的是某个领域中的众多产品（如家用电器），还是某个具有独立功能的具体产品（如电动洗衣机），或者仅是产品的某个部件（如旋转割草机刀片），还可能是某个特定类型的产品（如流量不大于 24 L/h 的滴头）；还要分析需要标准化的具体产品是属于原材料、元器件或零部件，抑或某种制成品，或者是某个系统。

标准化对象不同，标准中"技术要求"这一要素选择规定的内容就会不同。如果标准化对象是原材料，在技术要求中就应考虑对原材料的理化性能进行规定，形成的标准为原材料标准；标准化对象是零部件、元器件，则会将结构要求、理化性能，或材料要求作为技术要求中规定的内容，形成的标准为零部件或元器件标准；标准化对象是制成品，则标准中首选从使用性能的角度提出技术要求，常常还会考虑人类工效性能要求，而将理化性能作为使用性能的间接指标，如必要会涉及结构（尺寸）要求，形成的标准为制成品标准；而标准化对象是系统，则在技术要求中将主要针对系统各部分作出规定，同时考虑接口的尺寸及功能要求，形成的标准为系统标准。

标准化对象不同，产品标准中在技术要求（它是必备要素）之外选择的技术要素就会不同。如果标准化对象是某个领域的众多产品，则往往会考虑"分类、编码"这一要素，形成的标准往往是通用类标准；标准化对象是系统，往往会设置"系统配置"（类似分类）这一要素。如标准化对象是"消费品"，则要考虑包含"标志、标签和随行文件"这一要素。

标准化对象如涉及"危险品"，则会同时影响技术要求的内容及其他技术要素的选择。这种情况下，在标准的技术要求中通常要考虑"安全的要求"，还可能需要考虑包含"标志、标签和随行文件"以及"包装、运输和贮存"等技术要素。

二、明确标准的使用者

对标准化对象进行确认后，需要甄别标准的使用者或称利益相关方。产品标准的使用者通常有：生产者、供应商（第一方）；用户（消费者）或订货方（第二方）；安装维护者（第一或第二方）；检测认证机构、管理部门（第三方）等。

对于同一个标准化对象，如果标准的使用者不同，也会导致标准中选择的技术要素的不同。针对不同的使用者，不同层次的标准（国家标准、行业标准、企业标准）中的三个技术要素——技术要求、试验方法、检验规则的选择就会不同。产品标准中的试验方法是为了证实能否满足标准中的技术要求所提供的方法，尽管该方法并不要求一定实施，然而它为需要实施的各方提供了共同遵守的方法。检验规则规定了判定所检验的产品或一批产品是否合格的规则。标准中是否包含试验方法、检验规则这两个技术要素，需要对编制的标准所适用的不同使用者进行分析后确定。

（一）针对企业标准的使用者选择标准的技术要素

对于企业标准，如果标准的使用者是产品的制造方，打算用标准判断生产的产品的符合性，则标准中至少需要包含技术要求、试验方法、检验规则三个技术要素；如果标准是为了产品制造方声明所生产的产品的符合性，则标准中至少需要包含技术要求、试验方法两个技术要素，而不必含有检验规则这个要素；如果标准是为了制造方设计产品使用的，则标准中至少包含"技术要求"这个要素，而不必包含试验方法和检验规则；如果标准是为了采购方或用户在采购产品时判断产品的符合性，则标准（采购标准）中需要包含技术要求、试验方法、检验规则三个要素。如果标准的使用者是产品的检验、认证机构（第三方），使用标准判断产品的符合性，则标准中需要包括技术要求、试验方法、检验规则等三个技术要素。

制造企业的产品标准中的要求型条款都是需要制造方（第一方）来满足的，标准中通常不应涉及需要由第二方满足的内容，比如在"技术要求"中不应包含针对产品在使用中的特殊要求。对于采购方（第二方）制定的采购标准通常也需要制造方来满足，然而有些需要在使用中证实的技术要求可由采购方证实。

（二）针对国家标准或行业标准的使用者选择标准的技术要素

对于国家标准或行业标准，由于标准代表着国家或行业的主张，它应该适用于制造方（第一方）、采购方（第二方）以及独立机构（第三方），并且在规定标准的技术内容时应遵守"中立原则"，即要考虑三方的利益，或者说对三方应是平等的，是各方所接受的。因此，国家或行业的产品标准中在给出技术要求后，可提供试验方法，但不宜包含检验规则。具体检验的准则由供需双方商定，或由检验、认证机构自行确定。

另外，标准中"技术要求"中的要求型条款不应包含第一方在生产过程中才能证实的要求（如在加工过程中的热处理要求），也不应包含第二方在使用中才能证实的要求（如药品的实际疗效），所提出的要求应使得三方都能够去证实。

三、确定标准的编制目的

明确了标准化对象以及标准的使用者之后，还要确定标准的编制目的。标准中核心技术要素的具体内容与标准的编制目的直接相关，需要依据"目的性原则"进行选择。目的性原则是指，根据编写标准的目的，选择标准化对象的特性进行标准化，从而确定出标准核心技术要素的具体内容。编写标准的目的不同，选择的核心技术要素的内容就会不同；编写标准的目的越多，需要规范的核心技术要素的内容也越多。

对于产品标准来说，标准的核心技术要素为"技术要求"。在技术要求中规定产品的哪些特性的依据之一是编制标准的目的。也就是说技术要求中需要含有哪些内容，不但取决于标准化的对象和标准的使用对象，还与编制标准的目的密切相关。

在具体编写产品标准的文本之前，需要确认标准的编制目的，以便决定技术要求中包括哪些内容。在具体编写产品的各项要求时，通常不指明具体目的，如果需要，可以在引言中阐述标准和某些具体要求的目的。

（一）编制产品标准通常需要考虑的目的

编制一个产品标准可以只针对一个目的，也可以针对多个目的。编制产品标准的目的通常有：保证产品的可用性，保障健康、安全、保护环境或促进资源合理利用，便于接口、互换、兼容或相互配合，利于品种控制等。

1. 保证产品的可用性

通常编制产品标准的首要目的是要保证产品的可用性。这里的可用性指产品独自使用时实现其基本使用功能的能力，它和产品本身的直接用途相关，是产品的重要功能特性之一。

为了保证可用性，通常需要根据产品的具体情况规定产品的使用性能、理化性能、环境适应性、人类工效性能等方面的技术要求。例如，保证洗衣机的可用性，也就是要保证在正常情况下，通过对洗衣机的操作，在不损坏衣服的前提下，能够达到洗净衣服的目的，并且考虑洗衣机外观美观、易操作等人类工效性能要求。为此，在洗衣机的标准中，可以规定使用性能：包括洗净性能、漂洗性能、脱水性能、洗净均匀度、羊毛洗涤性能，对织物的磨损率、无故障运行等；环境适应性：包括使用环境温度、空气相对湿度等；人类工效性能：包括洗衣机面板的易操作性，面板显示的易理解性，外观要求等。显然，这些规定都是为了保证产品能够正常使用。

2. 保障健康、安全，保护环境或促进资源合理利用

达到了保证产品可用性目的的前提下，保障健康、保证安全、保护环境或促进资源合理利用往往会成为编写标准的目的。这些目的不但要考虑产品正常使用产生的影响，还要重点考虑产品遇到特殊状态下的影响，可能还要考虑产品生产过程产生的影响。

在产品正常使用之外，发生异常情况的健康、安全问题，如果不予考虑，尽管产品的可用性符合了要求，但由于健康和安全等原因，也可能导致产品的严重缺陷。另外，虽然保护环境或促进资源合理利用的目的与产品本身的使用没有直接的关系，但涉及人类的可持续发展，需要特别引起关注。为了满足上述目的，编写标准时需要选择有关的技术特性并规定相应的要求。

（1）健康　health

涉及食品、直接接触食品（如食物包装材料等）的产品标准，常常要考虑健康的目的，这时需要规定满足可用性目的之外的要求。根据具体产品的特点，为了达到健康的目的，标准中常常需要规定产品中有害成分的限制要求。例如：

——食品标准中可能涉及亚硝酸盐含量、细菌总数、大肠杆菌、黄曲霉毒素等
　　　要求；

　　——涂料标准中可能涉及挥发性有机化合物（VOC）、游离甲醛、重金属、苯系物等要求；

　　——玩具标准中涉及有可能危害儿童健康的有害成分（如可迁移元素）的最大限量要求；

　　——食物包装材料、购物袋的标准中会涉及卫生指标的要求；

　　——机械产品标准中可能涉及运转部分的噪声限制等。

（2）安全　safety

安全即"免除了不可接受的伤害风险的状态"〔引自 GB/T 20000.1—2014，定义 4.5〕。产品标准化考虑产品的安全时，通常是为了获得包括诸如人类行为等非技术因素在内的若干因素的最佳平衡，将伤害到人员和物品的可避免风险消除到可接受的程度。因此，在编制产品标准时，如果考虑安全这一目的，应通过标准中的规定使符合标准的产品不会在使用中造成不可接受的伤害。通常需要规定产品的防电击、防火灾、防爆炸、防辐射、防机械损伤、预防化学和污染等要求。

编制特定产品标准时应根据具体情况编写相应的条款，诸如：

　　——家用电器标准中可能涉及带电部分的防护、发热、耐潮湿、过载保护等要求；

　　——玩具标准中可能涉及零件的结合强度、小零件、边缘、尖端、突出物等限制要求；

　　——机械设备标准中可能涉及制动、载荷、机械连接、保护装置等方面的安全要求。

（3）保护环境　protection of environment

保护环境即"使环境免受产品的使用、过程的操作或服务的提供所造成的不可接受的损害"（引自 GB/T 20000.1—2014，定义 4.6）。产品标准中考虑保护环境的目的，主要从产品生产、使用的角度，通常从产品的生命周期考虑问题：

　　——产品生产过程中对环境影响的要求；

　　——产品使用中产生的废弃物排放对环境影响的要求；

　　——产品中的有害物质（通常涉及产品废物处理）对环境影响的要求。

（4）资源利用　resource utilization

产品标准还可能将资源利用作为编制的目的之一。资源利用涉及：

　　——对直接消耗能源产品的耗能指标的规定，如耗电、耗油、耗煤、耗气、耗水等指标；

　　——对社会生产和消费过程中产生的各种废物进行回收和再生利用的规定。

3. 便于接口、互换、兼容或相互配合

产品标准的编制不但要考虑产品单独使用的情况，还可能需要考虑和其他产品一起使用以及相互替代的情况。因此，接口、互换性、兼容性或相互配合就有可能成为编制标准的目的。这些目的是为了保证产品与其他产品一起使用时能实现其功能。围绕这些目的的特性可能成为影响产品能否正常使用的决定性因素，因此为了达到这些目的，在编写标准时需要考虑提出相应的要求。

（1）接口　interface

接口（或界面）指"系统、分系统、产品在组件或零件中互连部位的兼容性"。如果需要达到便于接口这一目的，标准中除了考虑产品本身的适用性，还要考虑到产品与其他产品互联部位的要求，以保证兼容性。对于机器硬件组件间的硬件接口，标准中首先应该规定尺寸和结构的要求，如果接口和功能直接相关，满足接口的要求还应包括与功能有关的要求，例如电磁特性等方面的技术指标。

（2）互换性　interchangeability

互换性指"某一产品、过程或服务代替另一产品、过程或服务并满足同样要求的能力"［引自 GB/T 20000.1—2014，定义 4.3］。产品的互换性主要强调的是用某产品代替另一产品后，发挥同样的功能且达到同样的标准要求。满足了互换性的产品（也即达到了"标准件"的要求），能够彼此之间无障碍的互换。为了达到互换的目的，产品标准中要考虑对需要互换的零部件提出要求。达到互换性通常需要满足"尺寸互换性"，往往还要满足"功能互换性"。为此，前者需要规定几何参数及其公差，后者还要规定机械物理性能参数及其公差。这样才能保证满足标准要求的产品之间在尺寸和功能两个方面的互换，也就是各个产品之间能够满足同样的要求，达到相同的预期目的。

（3）兼容性　compatibility

兼容性指"诸多产品、过程或服务在特定条件下一起使用时，各自满足相应要求，彼此间不引起不可接受的相互干扰的适应能力"［引自 GB/T 20000.1—2014，定义 4.2］。兼容性主要考虑多个产品一起使用时，要保证各个产品能够发挥各自的功能，彼此之间不相互干扰。产品标准如果需要满足兼容性的目的，在保证产品自身可用性的前提下，还需要考虑产品使用过程中两个方面的要求。其一，不应对与其一起使用的其他产品产生影响。其二，不受与其一起使用的其他产品的影响。为此，需要提出相关的要求。

电磁兼容是典型的兼容实例。为了达到电磁兼容的目的，标准中需要包括两个方面的要求：一方面要求设备在正常运行过程中对所在环境产生的电磁骚扰不能超过一定的限值；另一方面要求设备对所在环境中存在的电磁骚扰具有一定程度的抗扰度。

（4）相互配合　coordination with each other

相互配合指"多个产品或服务在特定条件下，一起使用能互相协调动作，满足预定要求的能力"。如果需要达到相互配合的目的，产品标准需要规定各个产品满足协调动作的相关要求，以及它们需要达到的共同要求。

相互配合和兼容性都是不同产品一起使用时需要考虑的特性。相互配合强调要在相互协调动作的基础上，满足共同的预定要求；而兼容性是要满足各自产品的要求，只要各个产品使用时不互相干扰即可。

4. 利于品种控制

品种控制（variety control）指"为了满足主导需求，对产品、过程或服务的规格或类型数量的最佳选择"［引自 GB/T 20000.1—2014，定义 4.4］。产品标准可以将利于品种控制作为其编制目的之一。

品种可以涉及尺寸及其他特性。相关文件中应包含选择值（通常是一系列值）并规定其公差。

（1）原材料、零部件/元器件的品种控制

对于广泛使用原材料、零部件、电子元器件和电线、电缆等，由于使用场合千变万化，要求各不相同，往往会产生繁杂和众多的规格或类型，这给生产、供应的组织和管理造成极大的不便和困扰。为了提高效率，减少差错，有必要将品种控制作为编制标准首先要考虑的目的。

为了这一目的，在标准中往往需要对产品的外形尺寸或某些特性提出合理的、可供选择的数值［见第三章第一节"三"中的（二）］，通常给出一系列数值或级差。为了达到品种控制的目的，在确定技术要求时通常使用简化、系列化的方法。

（2）产品或系列产品本身的品种控制

终端产品的多样性是建立在初期产品（原材料、零部件等）标准化的基础上的。只有对初期产品运用简化、系列化的方法，达到品种控制的目的，才能够在此基础上，进一步运用通用化、系列化、组合化的方法，从而实现满足品种控制要求的终端产品的多样性。

编制产品标准的目的如包含利于品种控制，则标准中通常含有要素"分类"，并按照分类结果，对各类产品提出相应的技术要求。

（二）选择技术要求的内容

选择产品标准的核心技术要素"技术要求"中的内容，首先应确定标准的编制目的，在此基础上进而对产品进行功能分析，最终确定技术要求中的具体内容。

1. 确定标准的编制目的

通常产品标准首先需要考虑的目的是可用性，也就是说要保证产品本身独立使用时可用、好用。在此基础上可能需要考虑满足健康、安全、环境或资源合理利用等目的，以保证产品在全生命周期过程中不会对人类的健康、安全造成伤害，不会对环境造成破坏。进而可能还需要考虑接口、互换性、兼容性或相互配合等目的，以满足基础设施设定的环境、与其他设备一起使用、零部件的更换等需要。对于广泛使用的材料、物资或机械零部件、电子元器件或电线电缆等产品，常常需要考虑品种控制等目的，以便对品种进行优化选择，提高使用效率。

在进行产品标准编写之前，应首先研究确定标准的编制目的。标准编制需要达到的目的越多，标准中规定的内容就会越多。标准编制的目的首先应从上述内容中选择，当然也可选择其他目的。如果编制标准只需满足某个目的（如可用性），则标准中仅需选择满足该目的的技术内容；如果同时还需满足其他目的（如安全），则标准中还需规定与之相关的要求。当然，标准编制时也可能只考虑满足上述诸多目的中的一种，如安全，这时编制形成的标准可称为产品安全标准。

2. 进行产品功能分析以确定具体的技术内容

编制标准的目的一旦确定，下一步工作就是确立"技术要求"中的条款，对相应产品进行功能分析有助于选择标准所要包括的技术内容。产品标准的标准化对象（原材料、零部件、元器件、制成品、系统等）通常并不是只有一个功能，组成产品的若干个零部件、元器件或组成系统的各部分常常具有为数众多的功能。功能分析的主要工作就是系统地分析产品或系统的功能，以便对其规定技术要求。

在进行功能分析时，要根据产品的预期目的明确产品的功能定位，确定必要功能，剔除不必要功能，辨识过剩功能。产品的必要功能是实现产品预期目的必须具备的功能，也是用户购买该产品首先要考虑的因素。例如家用电冰箱的必要功能为把新鲜物品冷冻起来无害保存。另外，使用方便、外观等人类工效性能（如产品的外观、形状、色彩、气味、手感等方面的功能）也应仔细分析。对于消费品，在使用功能之外往往还需要考虑外观功能；而对于工业设备而言，外观功能处于次要位置；至于装在机器内部的零部件，使用功能成为主要功能，在外观美学上不过分要求。不必要功能是指使用者不需要的功能，即多余的功能。例如，如果在普通手表上安装了海拔高度的测量功能，对于一般消费者来说就是不必要功能。过剩功能是超过使用者所需要的某种用途或特性值。例如，对公差的精度、材料的质量、安全系数等过高的要求。这三项功能与产品的功能定位相关联，对于某些等级的产品或特定产品的过剩功能甚至是不必要功能，对于高级别的产品可能就是必备功能。因此要对产品进行仔细的功能分析。

在确定了产品标准的编制目的后，要根据确定的目的对产品进行功能分析，以便选择标准中技术要求的内容。以家用洗衣机为例，如果确定编制标准的目的是可用性，首先需要对与使用功能相关的各项特性进行规定。为此，需要分析洗衣机的必要功能，即在对衣物磨损或损害最小的情况下将衣物洗干净，还可能需要考虑针对各类衣料的不同洗涤方式，并规定相应的技术特性及其要求。由于洗衣机是一件消费品，需要认真考虑人类工效性能要求，例如，外观要求，界面操作、显示的要求等。如果还需要将保证安全作为编制标准的目的，进行功能分析后，针对洗衣机是个电器产品，并且有机械运转，则至少需要针对电气安全、机械运转安全提出要求。如果资源合理利用也是标准的编制目的之一，由于洗衣机是耗能、耗水产品，有必要对使用过程中消耗电能和水资源进行限制，因此需要规定耗电、耗水等指标。

在进行产品的功能分析时，要注意确认产品的具体用途。同一类产品的具体用途不同，标准中对产品的具体性能要求也会不相同，参见示例2-1。

【示例2-1】

> 例如，针对氯化钠，可以对各种组分提出要求，在编写相关标准时，进行功能分析才能筛选出需要规定的内容。
>
> 作为化学试剂使用与作为饲料添加剂使用的氯化钠需要规定的内容是不一样的。化学试剂用于物质的合成、分离、定性和定量分析之中，纯度是它的重要特性，因此对于化学试剂使用的氯化钠，需要对影响试剂纯度的化学成分进行限定，包括氯化钠、pH值、水不溶物、干燥矢量、碘化物、溴化物、硫酸盐、总氮量、磷酸盐、砷、镁、钾、钙、六氰合铁酸盐、铁、钡、重金属，对氯化钠含量的要求更加严格，优级纯要求大于等于99.8%、分析纯和化学纯都要求大于等于99.5%。而对于作为饲料添加剂使用的氯化钠，更加重视饲料对于牲畜健康、甚至人类健康的影响，规定的指标则包括氯化钠、水不溶物、白度、粒度；总砷、铅、总汞、氟、钡、镉、亚铁氰化钾、亚硝酸盐，对氯化钠含量的要求要低于化学试剂的要求，为大于等于95.5%。

[参见GB/T 1266—2006《化学试剂　氯化钠》和GB/T 23880—2009《饲料添加剂　氯化钠》]

在进行产品的功能分析时，要注意不必要功能的识别，以免超出产品定位的要求，导致资源浪费、产品的适用性降低，参见示例2-2。

【示例2-2】

> 例如，针对化工产品硝化棉编写标准时，首先进行产品的功能分析。如果是用作家具罩光漆的硝化棉，则编制形成的标准称为《涂料用硝化棉》；而如果是制作乒乓球使用的硝化棉，则编制形成的标准为《赛璐珞用硝化棉》。
>
> 由于罩光漆和乒乓球的用途不同，两个标准关注的特性就会不同，对性能要求也不尽相同：用作家具涂料的硝化棉，产品使用后要保证家具的光亮透明；做乒乓球的硝化棉，最终产品乒乓球无需透明，而要保证是白色的。因此在《涂料用硝化棉》中需要选择"溶液的透光度"特性指标；在《赛璐珞用硝化棉》中需要选择"白度"特性指标。
>
> 如果将两项标准合并成一项标准《硝化棉》，那么对于某些用途，标准中就会含有针对不必要功能设置的特性指标。如果将标准《硝化棉》作为制造乒乓球的依据，"溶液的透光度"就成为多余的指标；如果将该项标准作为制造涂料的依据，"白度"就成为多余的指标。

对于产品生产来说，多满足一项特性就会增加相应的成本。因此，只有对产品进行功能分析，才能保证标准中规定的特性能够满足产品的用途，既包含满足产品必要功能需要的特性指标，还通过对不必要功能的辨识，避免包含不必要的性能指标。

四、避免重复和不必要的差异

标准化的重要原理是有序化。通过通用化的方法，将通用的内容形成通用单元，供相关标准引用，这样可以避免重复、减少不必要的多样性和差异，这已经成为标准化的有效方法之一。

（一）采取引用的方法

避免重复和不必要的差异的最有效方法之一就是采取引用的方法。在编写产品标准的技术要素时，首先应该广泛地收集资料，凡是存在与标准中需要规定的内容［如相关的试验方法、对产品特性的要求、产品分类、术语等，见第五章第一节"三"中的（二）］相关并有效的标准或文件，都应认真分析，如适用，应通过引用的方式纳入标准，而不应重复抄录所需要的内容。

采取引用的方式可以利用现成的成果，而不是任何规则都要重新编写，由此避免了各自编制标准造成的不必要的差异；另外，通过引用而不重复抄录需要的内容，既避免了抄录错误造成的不必要的差异，也避免了由于被抄录文件的修订，造成两个文件之间不必要的差异。

通过将引用的方法与通用化的方法进行结合，在编制标准的过程中有意识地将通用的内容编制成标准的单独部分或单独的标准［见下文的（二）和（三）］，并在涉及这些通用内容的其他相关标准或部分中引用通用的部分或标准，从而避免了重复和不必要的差异。在引用的过程中，会遇到必须保留一些"必要的差异"。为了解决这个问题，可以在引用的同时指出对所引用内容的各种必要的修改。这种措施增加了引用的灵活性，更加扩展了引用的适用性。

（二）通用的内容规定在产品标准的某一部分中

为了避免重复和不必要的差异，可以利用通用化方法，将适用于一组产品的内容进行通用化处理并将其规定在某项标准中的一个部分（通常为通用部分）中，该标准的其他部分则引用通用部分的相关内容。

通常会涉及两个方面的技术要素：

第一，技术要求。将适用于一组产品的要求作为通用要求规定在某项标准的一个部分中，该部分常被称为"通用要求"。

第二，试验方法。将适用于一组产品、两个或两个以上类型的产品的试验方法作为通用的试验方法在产品标准的某个部分中描述，该部分常被称为"通用试验方法"。

涉及该产品的每一个部分或标准均可引用通用要求部分或通用试验方法部分。

（三）通用的内容规定在单独的标准中

前文（二）中谈到针对一组产品或某个领域的分成多个部分的产品标准，为了避免各部分之间的重复和不必要的差异，将其中通用的内容（如通用技术要求、通用试验方法等）编制成单独的通用部分。这种情况下，编制该标准及其各个部分的目的仍是保证产品的适用性。如果在编制产品标准的过程中，发现需要不是以产品适用性为目的，而是有必要以其他目的（如相互理解）对某些内容进行标准化，则需要编制单独标准以便其适用范围更加广泛。

通常会涉及两类标准：

其一，试验方法标准。如果在编制产品标准时，发现有必要对某种试验方法标准化，并且多个标准都需要引用该试验方法，则需要为该方法编制一个单独的试验方法标准。编制该方法标准的目的不是为了某个产品的适用性，而是为了试验方法的相互理解。

其二，试验设备标准。如果在编制产品标准时，发现有必要对某种试验设备标准化，并且测试其他产品也可能用到该设备，为了避免重复，需要与涉及该试验设备的技术委员会协商，以便为该设备编制一个单独的标准。这里需要注意，这是在编制产品标准的过程中发现了新的标准化需求，并且向更加专业的涉及该试验设备的技术委员会提出建议，由该委员会以规范该设备的适用性为目的编制一个单独的实验设备标准，以便在更广泛的领域中使用该标准。

第三节　要素的选择及要素内容的确定

上一节阐明了技术要素的选择原则，本节将阐述依据这些原则各种要素是如何一步步选择、确定并最终形成产品标准的。下面讨论的各个要素的顺序与一个产品标准理论上的编写顺序是一致的。通常在后面编写的要素会用到前面编写的要素的内容或信息。

一、核心技术要素内容的确定

编写产品标准时，首先应该确立标准的核心技术要素"技术要求"中的条款。

技术要求是一个必备要素，因此不存在选择问题，任何产品标准都应有该要素，然而要素中的条款存在选择和确定的问题。

1. 选择技术要求内容通常需要考虑的因素

需要认真选择技术要求的内容，主要考虑两个因素：其一，标准化对象（见本章第二节的"一"），标准针对的标准化对象（如原材料、零部件或元器件、制成品、系统）不同，标准中"技术要求"包含的内容就会不同；其二，目的性原则（见本章第二节的"三"），根据编制标准的目的并对产品进行功能分析，最终确定技术要求中的内容，确立并形成要求型条款。

明确了产品标准的具体标准化对象，就可以确认该标准的类型：原材料标准、零部件或元器件标准、制成品标准或者系统标准。

2. 涉及保障健康、安全、保护环境或促进资源合理利用等目的的技术要求

如果产品标准需要达到保障健康、安全、保护环境或促进资源合理利用等目的，技术要求中就需要涉及相关的内容。这些内容往往被法律、法规所涉及或规制，因此更需要给予特别的关注。在为这些目的选择和确定具体技术内容时需要考虑以下内容。

（1）检索相关的强制性标准

由于与健康、安全，环境或资源利用有关的内容都是政府或法律制定机构十分关注的，相关的内容有可能已经发布形成单独的强制性国家标准。因此产品标准在确定相关内容时，首先应检索、查找相关内容是否已经制定成强制性标准。如果已有规定，在正在编写的产品标准中不应再做规定，也无需通过引用的方式将强制性标准的内容纳入标准之中，如确有必要，可在产品标准中资料性提及相关强制性标准即可。

（2）编制成单独的强制性标准

如果编制产品标准的唯一目的是保障健康、安全，保护环境或促进资源合理利用中的一个或多个，并且不含有这些目的之外的目的，为此形成的技术内容可编制成单独的强制性标准。

（3）作为单独的章

如果为了达到产品适用性的目的，在满足可用性的具体目的之外，标准还考虑到保障健康、安全，保护环境或促进资源合理利用等目的，在确认尚无相应的强制性标准的规定的前提下，标准中可以规定相应的要求。由于这些要求是政府或法规制定机构关注的，为此确立的技术要求可能会被法规所引用。为了便于引用，技术要求中为上述目的确定的内容宜编写成单独的章，至少要形成单独的条，如"安全要求"。这种以满足产品适用性为目的，其中适当考虑了健康、安全等特定目的（并不是编制标准的唯一目的）而编制的产品标准不应成为强制性标准。

对于具体的标准，应根据特定产品的特点考虑相关目的并规定相应的要求。仍以洗衣机为例，如考虑到保证安全的目的，标准中可能要包括工作状态下的漏电电流和电气强度、耐潮湿、非正常工作、机械危险、耐热和耐燃等要求；如考虑了资源合理利用的目的，需要规定用电量、用水量的要求。这些涉及安全、资源利用的要求宜编写成单独的章或条，如相关内容较多，最好编写成单独的部分，以方便法律法规的引用。

二、其他技术要素的选择和确定

确定了核心技术要素的内容后，还需要选择其他技术要素。在编写产品标准时，选择标准的其他技术要素主要考虑两个因素。其一，标准化对象（见本章第二节的"一"）。在编写核心要素"技术要求"时，具体产品的不同，就决定了是否含有"分类、编码"等技术要素及其表现形式。具体产品的不同，还决定了是否含有其他技术要素，如"标志、标签和随行文件""包装、运输和贮存"等。其二，标准是给谁用的（见本章第二节的"二"），也就是要确定标准的使用者，再结合标准的层次（国家、行业或企业标准）选择标准中是否含有试验方法、检验规则这两个技术要素。

另外，如果产品标准的技术要素中使用的术语需要界定，则标准中还应选择要素"术语和定义"；如果使用的符号、代号或缩略语需要解释或说明，则还需选择要素"符号、代号和缩略语"。

总之，通过明确标准化对象、标准的使用者以及编制标准的目的，并对标准化对象（具体产品）进行功能分析，可选择并确定出产品标准中核心要素"技术要求"的具体内容，以及标准包含的其他技术要素。

三、产品标准类型的确认

"技术要求"的内容以及技术要素的确定，可以进一步确认产品标准的类型。根据产品标准的标准化对象，可以确认标准是属于原材料标准、零部件或元器件标准、制成品标准或系统标准。根据产品标准包含的技术要素以及技术要求中包含的内容，可以确认正在编制的标准属于技术要求类产品标准、规范类产品标准、完整的产品标准或通用类产品标准。在此基础上，可以确认产品标准是否要分成部分编制，还是作为单独的标准编制。通用类的产品标准通常作为标准的第1部分，同一个标准化对象的其他方面可以被编制成该标准的其余部分。

四、通用要素的选择和确定

通用要素是在产品标准的技术要素以及标准的类型确定之后，根据技术要素的内容和需要进行选择和确定的。通用要素包括：规范性一般要素"标准名称、范围和规范性引用文件"，以及资料性要素"封面、目次、前言、引言、参考文献和索引"。其中的标准名称、范围、前言和封面是标准的必备要素，不存在选择问题，只是它们的具体内容需要确定。

产品标准名称和范围的内容的选择和确定都源于标准的技术要素，具体选择和确定方法见第五章第一节的"一"和"二"。"规范性引用文件"这一要素的选择以标准条款中是否规范性引用了其他文件为依据，如规范性引用了哪怕一个文件也应设置这一要素，要素中具体内容的确定见第五章第一节的"三"。

资料性要素的选择和确定源于标准的规范性要素，因此它们是最后确定的。必备要素前言和封面内容的选择见第五章第二节的"二"和"六"。如果有需要通过引言陈述的内容（见第五章第二节的"一"），则可以选择设置引言。如果标准中资料性引用了其他文件，或标准编制过程中参考了其他文件，并且有必要将这些文件列出以便给标准使用者提供参考，则需要选择资料性要素参考文献。如果需要给标准使用者提供一个不同于目次的通过关键词检索标准的某些内容，则设置索引就成为一个选择。如果需要展示标准的结构，以便给标准的使用者从层次的角度检索标准的内容提供方便，则有必要设置目次。各类资料性要素内容的选择和确定见第五章第二节。

第三章 产品标准的核心技术要素的编写

上一章阐述了产品标准的组成要素，其中"技术要求"是产品标准的核心技术要素，同时又是一个必备要素。一个标准之所以被确定为产品标准，除了标准化对象是产品外，就是标准必须具备技术要求这一要素，技术要求是辨识产品标准所依据的两大特征之一。因此正确编写产品标准的技术要求是保证标准具有良好的适用性的关键环节。

本章首先阐述技术要求这一核心要素的编写原则及要求型条款的编写及表述，并逐一讲解技术要求通常涉及的主要内容，以及产品标准涉及安全和环境等内容的编写。

第一节 要素"技术要求"的编写及原则

在第二章第二节中阐述的"目的性原则"用于选择和确定产品标准的核心要素"技术要求"的内容。在具体编写产品标准之前，还需要解决另外两个问题：第一，如何对已经选出的内容进行标准化？第二，哪些内容可以标准化？遵守"性能特性原则"和"可证实性原则"可以较好地解决这两个问题。这两个原则适用于"技术要求"，它能确保正确选择、确认和表述技术要求的内容。

一、符合性能特性原则

"性能特性原则"是解决如何对已经选择出的技术内容进行标准化需要遵守的原则。

（一）性能特性与描述特性

产品标准可以从性能特性或描述特性两个方面对产品进行规定。产品的性能特性是"与产品使用功能相关的物理、化学等技术性能"［选自 GB/T 20001.10—2014，定义 3.2］。性能是指产品的性质和功能，产品的功能在产品使用中才能体现出来，如速度、亮度、纯度、功率、转速等。产品的描述特性是"与产品使用功能相关的设计、工艺、材料等特性"［选自 GB/T 20001.10—2014，定义 3.3］。描述特性是对产品本身特性的描述，往往可以显示在实物上或图纸上，如在图纸上描述的产品尺寸、结构、光洁度等。

在产品标准的"技术要求"这一要素中，由性能特性表达要求形成的条款为性能条款，由描述特性表达要求形成的条款为描述条款。性能条款常常用理化指标对产品的功能提出要求，描述条款经常用尺寸、结构和材料组成表述设计、构造细节等要求。示例3-1给出了分别用性能条款和描述条款规定洗衣机特性的例子。

【示例3-1】

> **性能条款**：按附录A给出的洗净性能试验方法测定，洗衣机的洗净比应不小于0.70。
> **描述条款**：洗衣机手动挤水辊的辊面应采用弹性材料。

（二）性能特性原则

在选择了技术要素需要包含的内容之后，需要解决"如何对已经选定的内容进行标准化"的问题。如果产品的特性既可以从性能特性又可以从描述特性，或者还可以对过程（怎么做）提要求的时候，我们如何选择呢？

性能特性原则是编写产品标准的"技术要求"所依据的原则，也是国际上对标准中表述技术要求的通行原则。性能特性原则是指：只要可能，产品的要求应由性能特性，而不用设计或描述特性来表述。

性能特性原则的实质是性能特性优先的原则。它指出要规定产品应达到的性能，而不规定产品的结构、成分，或加工、生产过程，这样可以给技术发展留有最大的空间。由于相对产品的"性能"来说，产品的设计、描述特性或生产加工的途径是多种多样的。当标准从性能特性的角度对产品提出要求时，不同的生产者可以发挥各自的设备、技术或专长，通过适合自己的途径，采用不同的技术、不同的方法达到性能特性要求的"结果"，从而提供符合标准所要求的产品。所以，性能特性原则可以充分发挥各生产企业的优势和创造力，促进技术创新和进步。

在产品标准的"技术要求"这一要素的要求型条款中规定产品的性能特性时，应首先选择直接反映产品使用性能的指标，在无法规定或找到直接指标时，可使用"间接反映使用性能的可靠代用指标"（见本章第二节的"一"），而尽量不规定达到某一性能的过程、结构或成分。采用性能特性表述要求时，需要注意保证性能要求中不疏漏重要的特性，对产品进行功能分析可以避免这类问题［见第二章第二节"三"中的（二）］。

示例3-2表明了直接反映产品的使用性能、间接反映产品的使用性能以及描述特性的指标。通常情况下产品标准中应首先考虑选择a），其次选b），十分必要时才选择c）的表述方式。

【示例 3 - 2】

> a）按 6.7.2.1 给出的试验方法进行试验，甲级防盗安全门的防破坏时间应不小于 30 min。（规定直接反映使用性能的指标）
>
> b）按 GB/T 231.1 给出的试验方法测定，甲级防盗安全门钢质板材的硬度应高于 600 N/mm²。（规定间接反映使用性能的指标）
>
> c）甲级防盗安全门钢质板材门扇的外面板、内面板厚度均应大于 1.00 mm。（规定描述特性的指标）

（三）描述特性的选择

性能特性原则是一个优先原则，在它的表述中含有"只要可能"的表述，也就是具备条件的情况下要从性能特性的角度提要求。因此这个原则是有前提的，"只要可能"就是前提，在没有可能或可能性不大的情况下往往需要从描述特性或其他角度提出要求。性能特性或描述特性的选择可考虑以下几个方面：

首先，以性能特性表述要求，需要有相应的验证方法，以便通过试验证实标准中规定的性能指标已经得到满足。因此，满足可证实性原则（见本节下文的"二"）就是"可能"与否的前提之一。如果目前没有适用的证实方法，就不应选择以性能特性，而应选择用描述特性表述要求。

其次，即使存在相应的验证方法，但如果引入该方法可能需要花费很长的时间，又可能耗费较多的资金，这时需要认真地分析研究、权衡利弊，如需要也可以选择使用描述特性提出要求。

再次，为了达到安全与健康的目的，可以选择（有时还是必要的）用描述特性提出要求，包括规定结构细节（如保证安全的防错装结构），材料的有害化学成分的含量（保障健康），加工过程（如保证安全的压力容器的焊接工艺）等。

二、满足可证实性原则

技术要求的编写还需要满足可证实性原则。这一原则就是要解决"哪些内容可以标准化"的问题。可证实性原则是指：不论产品标准的目的如何，标准中应只列入那些能被证实的技术要求。可证实性原则的一个推论就是，不是所有根据标准编制目的选择出的针对产品特性规定的要求都能写入"技术要求"这一要素。能否证实关键要看是否存在着证实方法。

在技术要求这一要素中提出的要求，都应该存在证实方法，如果需要证实的时候，都是能够被证实的。有些技术要求是通过较复杂的测定/测试等试验方法进行证实；有些技术要求可采取现场检查、审核或管理体系规定的某些检验方式（如采用班后讲评、客户评语、定期考核、年检、年审等方法），也可以采取派员驻厂，视频监控等多种方法进行证实。

标准的技术要求中规定的要求，如果在现实中找不到相应的证实方法，生产者一旦声称符合，因为无法证实，只能视作生产者作出的保证。因此，这类规定只能视作保证条件，它是合同概念或商业概念，不是技术概念，不属于标准的内容，不应写入标准。同理，技术要求中也不应包括合同要求（如有关索赔、担保、费用结算等）和法律或法规的要求。

可证实性原则需要考虑下列情况。

（一）只应规定能够证实的要求

只有能够证实的要求，才可以规定在标准中的技术要求中，也就是说标准中的技术要求不应规定没有证实方法的要求。无论产品涉及的特性多么重要，只要没有证实方法就不应写入标准。

例如：据报道日本自 20 世纪 50 年代后提倡儿童每天喝一杯牛奶。统计结果发现，日本儿童身高的平均增长率有明显的提高。这说明牛奶有使身体增高的"性能特性"。那么我们在编制牛奶标准时，能否在技术要求中对这一性能特性提出要求呢？答案是否定的，因为这项要求写入标准后，没有证实方法来证明具体的牛奶产品能够增加人的身高。

所以，乳制品通常用"描述特性"表述要求，如通过蛋白质、脂肪、非脂乳固体和杂质度等理化指标来表述，这些理化指标比较容易在实验室，通过测试取得结果，使产品及时出厂销售。

（二）不必规定无需证实的要求

如果有些要求根本无需证实，则不必在技术要求中规定。多数不需要证实的要求往往是由于曾经需要证实，因此写入了标准，但由于各种原因（如产品材料的改变）原来需要证实的要求可能不再需要证实了。例如，原来由钢化玻璃做的零件有强度要求，需通过跌落试验来证实不破碎，现在材料改为不锈钢，强度有了保证，不再需要证实，所以强度要求就没有必要在标准中规定了。

（三）不宜规定不能在较短时间内证实的要求

如果一项要求（如产品的稳定性、可靠性或寿命等）无法在相对较短的时间内被某种证实方法证实，那么该项要求就不宜规定在标准的技术要求中。例如，产品的使用寿命显然是产品的重要指标之一。除非存在着既省时又适用的老化试验，能够通过较短时间的试验证明该产品的使用寿命。否则，即使存在一个试验方法，但不能在较短时间内证实，也不宜将相关要求写入标准。

（四）只应写入量化的要求

技术要求中的要求应定量并使用明确的数值表示，例如"按 5.3 给出的方法测定，产品的数据读取速度不应低于 600 kB/s，数据写入速度不应低于 500 kB/s"。凡是不能量化或没有量化的要求不应写入标准的技术要求中。标准中不应使用诸如"足够坚固"或"适当的强度"之类的定性表述。比如"热水器进出水管应具有足够的强度""出水温度应适宜"等，"足够的强度""适宜的温度"无法判断、无法证实，不应写入技术要求中，只可以作为一般原则、建议等写入标准的其他要素。

请注意，标准中给出供证实使用的试验方法，并不意味着声称符合标准时，一定要实施相关试验进行证实，而是为如果需要证实指出了所依据的试验方法。另外，对于技术要求类产品标准，标准中也只应规定能够证实的技术要求。然而，出于下述考虑，标准中并没有提供相应的证实方法：一是业内存在被大家公认的证实方法，无需在标准中再做规定；二是，业内存在多个适用的证实方法，具体使用的方法由供方、需方确定或供需双方协商确定。

三、条款中数值的选择

一个量用数目表示出来的多少，叫做这个量的数值。例如 2 m 的"2"，6 kg 的"6"，30 m/s 的"30"是其所对应量的数值。用一个数值和一个合适的计量单位表示的量称为量值，例如，2 m、6 kg、7 g 等。标准中每一个量值都对应着具体的特性，因此我们将该量值称为特性值。

产品的技术要求大多是通过规定各种量化的产品特性来保证产品的适用性。在标准编写过程中，确定了需要规定的技术特性后，首先要对可量化的特性确定适合的计量单位，然后选择特性值，也就是挑选量的数值。数值应尽可能按照一定的规律进行选择。应通过调整计量单位使得标准中的数值应尽可能不为小数，或者尽可能不超过 3 位数。

通常，一个技术特性给予一个数值。在某些情况下，一个技术特性还需要给予多个供选择的数值，或给出一系列的数值。在标准中规范性要求的数值应与只供参考的数值明确区分开来。

（一）单一数值

标准中的特性需要选择一个数值时，根据特性的用途通常可选择最大值、最小值、中心值或范围值。

1. 最大值和最小值

最大值和最小值统称为极限值。极限值通常在需要控制上限或下限的情况下选用。在选用时应明确极限值是否包含在内，也就是要明确是大于或小于极限值，还是大于等于或小于等于极限值。在涉及健康、安全、环境、资源利用等要求时，可能需要规定某些特性的极限值，具体数值的选取应尽可能降低风险因素。

最大值即上限值，产品的特性值低于给定值则认为符合标准。最大值通常在需要控制上限的情况下选用。如对有毒有害物质的含量、噪声、震动、电流、耗能量等规定的限定指标。（参见示例3－3）

最小值即下限值，产品的特性值高于给定值则认为符合标准。最小值通常在需要控制下限的情况下选用。如食品中的营养成分、材料的主要化学成分、承压值、安全距离、强度等。（参见示例3－4）

【示例3－3】

——按 GB/T 14929.2 给出的方法测定，花生中涕灭威的最大残留量应小于 0.02 mg/kg。

——按 6.7 给出的测定方法测定，洗衣机洗涤、脱水时的声功率级噪声值均应不大于 72 dB（A 计权）。

【示例3－4】

——按 7.4 给出的试验方法，平板型太阳能集热器的承压式吸热体工作压力应不小于 0.6 MPa。

——熔模铸造用砂、粉的主要化学成分 SiO_2 的含量应大于 97%。

---

2. 中心值和范围值

中心值通常是一个带有公差的给定值。由于它位于上下公差所标出范围的中间位置，所以称作中心值。只要产品的特性值为给定值，或者与给定值的偏离在公差允许范围内，即认为符合标准。

中心值通常在需要较准确的数值时选用，如产品的尺寸要求等。为了达到互换、接口等目的规定的技术要求中，常常选择"带有公差的中心值"。

范围值是同时给出的特性值的上限值和下限值，它标出了一个范围。只要产品的特性值落在所给定的数值范围内，即认为符合标准。

范围值通常在一定范围内的数值都被允许的情况下，或者需要控制上下限的情况下使用，如尺寸范围、温度范围等。（参见示例3－5）

带有公差的中心值和范围值在特定情况下所表示的范围是相同的，但其含义却不尽相同。例如 80 mm$^{+1}_{-1}$ mm 和 79 mm～81 mm，前者是期望得出的特性值尽可能靠近 80 mm，但可以有上下各 1 mm 的误差；后者则表示只要数值在 79 mm 到 81 mm的范围内即符合规定。

【示例 3 - 5】

> 闪存盘在温度为 10 ℃～40 ℃的范围内应能正常工作。

（二）多个可选择的数值

根据产品技术特性的用途，针对某个特性有时可以确定多个数值。在以品种控制为目的选择产品特性的数值时，常常从众多数值中选择几个或一组适用的数值，从而达到品种控制的目的。根据产品不同的使用目的、使用条件（如不同的气候条件），或用户群体，可以将产品分成不同的类型或等级。对于不同的类型或等级中的某些特性可以规定多个不同的数值，这种情况下应清楚地指明不同的数值与相应的类型或等级的一一对应关系。

多个数值的确定应尽可能选用标准数系，如优先数系、模数制等。GB/T 321《优先数和优先数系》确立的数系适用广泛，具有一般数系所不具备的优点，使用时应优先选用。GB/T 19763《优先数和优先数系的应用指南》给出了具体的应用指导。GB/T 2471《电阻器和电容器优先数系》确立的数系，又称 E（Electricity）系列，适用于选择电阻器的电阻值和电容器的电容值。

如果相应标准数系不适用时，应按照其他决定性因素进行选择。在选择使用的数系时，首先应检索现成的被广泛接受的数系，适用时尽可能选用。例如从紧固件的尺寸系列、轴的直径系列等专门规定可选值的标准中进行选择。

采用优先数系时，需要注意非整数（例如，数 3.15）可能带来不便或者造成不必要的高精度。这种情况下，有时需要对非整数进行修约。要注意避免在同一标准中同时含有精确值和修约值，这样可能导致不同使用者选择不同的值。为了保证数值修约的一致性，应遵守 GB/T 19764《优先数和优先数化整值系列的选用指南》中给出的指导。

示例 3 - 6 给出了标准中使用系列值的例子。

【示例 3 - 6】

> 普通车床的工件最大回旋直径应从下述系列值中选取：250，320，400，500，630，800，1 000，1 250（mm）。

（三）由供方确定的数值

如果允许存在多样化的产品，则不必对产品的某些特性规定特性值，只要求由供方确定这些特性值。对于大多数复杂产品（例如电器消费品），只要标准中规定了特性及相应的试验方法，而由供方提供一份产品特性的数据（产品信息）清单比标准中给出具体的性能要求更好。

只要允许存在多样化，虽然某些特性对产品的性能有明显的影响，特性值也可由供方确定。例如，对于某些含有羊毛的纺织品，虽然羊毛含量这一特性对羊毛制品的性能十分重要，也可以在标准中不规定具体的羊毛含量的特性值，只需要求供方在标签上注明即可。

对于健康和安全要求，标准应规定特性值（如最大值、最小值），不准许采用由供方确定的特性值。

四、要求型条款的表述

要求型条款是"表达如果声明符合标准需要满足的准则，并且不准许存在偏差的条款"［选自 GB/T 1.1—2009，定义 3.8.1］。从该定义可看出，要求型条款是在第一方声明符合或双方认可时需要严格遵守或满足的准则。

"要求型条款"广泛存在于标准的技术要素中，产品标准中的要求型条款除了在核心要素"技术要求"中存在外，还可能在其他技术要素（如检验规则、标志、标签和随行文件以及包装、运输和贮存等内容）中存在。

"技术要求"这一要素应该都是由要求型条款构成的。针对一个特性通常规定一个要求型条款，技术要求中需要对多少个特性提出要求，通常就有多少个要求型条款。按照性能特性原则，这些要求型条款中性能条款应该占大多数，还可能含有少量描述条款。按照可证实原则，技术要求中的要求型条款，在声明符合标准时，不但需要"满足"，还需要"证实"。

（一）规定结果并指出证实方法的要求型条款

在产品标准"技术要求"中通常应包括下述内容：

a）直接或以引用方式规定的产品的所有特性；

b）可量化特性所要求的极限值；

c）针对每项要求，引用测定或验证特性值的试验方法，或者直接给出的试验方法。

由于要素"技术要求"是由要求型条款构成的，因此还应包括要求型条款必不可少的助动词"应""不应"或其等效表述方式。因此，表达"结果"并指出证实方法的要求型条款通常包含四个元素：特性、特性的量值、要求型条款的助动词、证实方法等。

1. 用文字表述要求型条款

技术要求中的要求型条款首选用文字表述。这种情况，通常规定的每个特性形成一条。表述规定结果并指出证实方法的要求型性能条款，应将上述四个元素有机地排列，典型句式为：

——"特性"按"证实方法"测定/验证"应"符合/大于/小于某"特性值";

——按"证实方法"测定/验证,"特性""应"符合/大于/小于某"特性值"。

请注意唯一的助动词"应"的位置,它应该位于"特性的量值"之前,不应放在"证实方法"之前,以表明"特性的量值"是声明符合标准时需要满足的准则,而"证实方法"只是提供了一种验证方法,并不要求一定要做验证,需要证实时才用该方法进行验证。以下给出了四种不同情况下要求型条款的表述示例:

——证实方法简单时,可以直接在条款中给出。例如:"气密性要求产品在水深10 cm处,保持2 min应无气泡逸出。"

——证实方法较复杂时,可以另外写一"条"证实方法,再在要求型条款中采用提及的方式。例如:"按5.3给出的方法测定,外层面料在经、纬两个方向上分别承受的拉伸强度应不小于450 N。"

——证实方法篇幅较大,可将其编写成规范性附录×,再在要求型条款中采用提及的方式。例如:"按附录A给出的试验方法进行洗净性能试验,洗衣机的洗净比应不小于0.70。"

——已经有适用的试验方法标准时,可在要求型条款中采用引用相应试验方法标准的方式。例如:"甲醛含量按GB/T 2912.1—2009给出的方法测定应不大于20 mg/kg。"

2. 用表格表述要求型条款

如适宜,技术要求中的要求型条款(例如条款数量较多时)可用表格形式表述。使用表格既可以表述清晰,又可以省略许多重复的文字。这种情况下,应将需要规定的所有特性都纳入表中。

在使用表格表述时,应首先在标准正文中使用要求型条款指出需要遵守表格中规定的内容,随后再给出相应的表格。表格中表述的内容是"要求型条款",但在表格中无法给出助动词"应",这样表中内容的条款性质(要求型条款)就不清楚,因此正文中提及表格的时候应使用要求型条款的句式(见前文"1"),以便将表格中的内容赋予"要求"的属性(参见示例3-7)。

【示例3-7】

> 按相应的试验方法测试,洗涤物的含水率应符合表×中给出的量值。

当采用表格形式表达要求型条款时,表头的典型形式为:编号或序号、特性、特性值、试验方法等。其中编号/序号栏中的编号/序号的形式应与标准的章条编号相区别,其中试验方法栏通常给出该标准中描述的试验方法的章条编号,或者给出引用的其他标准的编号和/或章条号,参见示例3-8、示例3-9。

【示例 3-8】

编号/序号	特性	特性值	试验方法

示例 3-9 由一个要求型条款引出表 7，用助动词"应"说明了表 7 中的内容是不准许存在偏差的需要满足的准则。

【示例 3-9】

6　技术要求

平板型太阳能集热器吸热体的技术特性应符合表 7 给出的特性值。

表 7　平板型太阳能集热器吸热体技术要求

编号	特性		特性值	试验方法
…	……		……	…
7-1	涂层 （80 ℃时）	太阳吸收比（AM1.5）	≥0.92	7.3
		法向发射比（真空镀、电镀工艺）	≤0.10	
		法向发射比（其他工艺）	≤0.20	
7-2	耐压	工作压力（非承压式吸热体）	≥0.05 MPa	7.4
		工作压力（承压式吸热体）	≥0.6 MPa	
…	……		……	…
7-7	高温耐久性	吸热体表面光学性能的衰减系数	≤0.05	7.7
7-8	涂层老化性	太阳吸收比	不小于原值的 0.95	7.8
		法向发射比	不大于原值的 1.05	
…	……		……	…

［选自 GB/T 26974—2011《平板型太阳能集热器吸热体技术要求》，做了适当改动］

示例 3-10 中引出表 1 的句子中没有助动词"应"，是一个陈述型条款，它不能准确说明表 1 中的内容是所要求的需要满足的准则。因此，如果示例 3-10 所提及的表 1 是准备作为要求提出的，这种引出表达要求的表格的方式是不正确的。

【示例 3-10】　提及表格的表述不恰当的例子

5.1　产品的基本安全技术要求及其相应的试验方法见表 1。

（二）未指出证实方法的要求型条款

产品标准中还会包括一些未指出证实方法的要求型条款。由于"性能特性原则"

的约束，产品标准中首选从性能特性规定技术要求，但由于种种原因［见本章第一节"一"中的（三）］技术要求中不可避免会包含规定过程的条款或描述条款。虽然技术要求中规定过程的条款以及大多描述条款也是需要证实的，然而一些条款不便将相应的证实方法嵌入其中（虽然证实方法已经在标准的其他章条中表述），还有一些情况下也无需将验证方法写入。例如，业内已经存在被大家公认的证实方法，无需在标准中再次提供；或者业内存在多个适用的证实方法，具体使用的方法可由供方、需方确定或供需双方协商确定。就是出于这些考虑，"技术要求类"产品标准中只规定了能够证实的技术要求，并没有提供相应的证实方法而已。因此产品标准中有些要求型条款并没有指出相应的证实方法。这些条款通常由三个元素组成，典型表述句式为：

　　——"谁""应""怎么做"，有时还会省略行为主体"谁"。

　　——"产品/产品的某个方面"应……特征（结构、尺寸、材料）。

举例如下：

　　——应选用……牌号的钢材；

　　——不应选用塑料材料；

　　——不应添加……原料；

　　——产品的外形尺寸应符合：50 mm×20 mm×30 mm；

　　——35 mm 单反式照相机接口的连接尺寸应符合图 1 中给出的尺寸；

　　——……电路应由 5 个电阻组成；

　　——燃料系统应可使用常规燃料或其替代品或……标准中规定的启动燃料。

（三）使用特定的措辞表示性能的条款

在产品标准中涉及产品适用性的某些要求，有时可使用产品的类型（如"深水型"）或等级（如"宇航级"），或使用需要满足的条件（如"防震"）等特定的措辞来表达。这种表达方式往往涉及多项特性，在满足了多项特性的要求的前提下，才可以在产品上使用相应的措辞（例如手表外壳上的"防震"字样）或者做记或标志。

在这种情况下，标准中应规定可以使用特定措辞的所有要求以及相应的验证方法，同时还应规定，在产品上使用这些措辞或者相应的标记或标志的前提条件为，按标准中给出的试验方法能够证明相应的要求得到满足。例如：标准的技术要求中规定：手表应满足"防水"的要求；相应的试验方法为：将手表置于水深 10 m 处，温度为 15 ℃，浸泡 10 min 后，无气泡逸出；满足了这些条件则认为产品合格，才可在手表上使用"防水"字样或标志。又如，汽车标准中可以使用"经济型""舒适型"等措辞，并且同时规定一系列的特性要求并给出相应的试验方法，当满足这一系列要求后可以在相应产品上使用"经济型"或"舒适型"的措辞或标志。

（四）直接引用其他标准中的要求

产品标准的某些技术要求是通过引用的方式表述的。在规定技术要求时，如现行有效的文件中存在适用的技术要求，就应该采取引用的方式将其他文件的要求纳入标准中，而不应重复抄录。示例 3 - 11 给出了引用其他标准中的要求的例子。

【示例 3 - 11】

> **4　技术要求**
>
> **4.1**　防雨服装的人类工效性能要求应符合 GB/T 20097 中的规定。

[选自 GB/T 23330—2009《服装　防雨性能要求》，做了适当改动]

（五）数值待定条款

如果标准中只列出产品的特性，而特性的具体值或其他数据根据产品的具体要求另行指定，标准本身并不予以规定时，则称这类标准为数值待定标准。如果标准的条款中只列出产品的特性，其特性值要求由供方或需方明确，这类条款称为数值待定条款。

数值待定条款通常包含以下内容：

——需要供方或需方明确特性值的全部特性；

——测试相应特性值的试验方法；

——以何种形式（如铭牌、标签、包装或随行文件等）明确特性值。

数值待定条款的编写实例见示例 3 - 12。

【示例 3 - 12】

> **7.2　滴灌管尺寸**
>
> **7.2.1**　制造厂应在产品包装或产品说明书中明确，按 9.4 给出的方法测量得到的滴灌管的外径、内径和壁厚，单位为毫米（mm）。

[选自 GB/T 17187—2009《农业灌溉设备　滴头和滴灌管　技术规范和试验方法》，做了适当改动]①

第二节　技术要求的主要内容

技术要求是产品标准的核心技术要素，同时也是必备要素。产品标准的技术要求通常都有哪些内容呢？按照第二章第二节的论述，技术要求内容的确定主要考虑

---

① 　按照本书的阐述，标准名称改为《农业灌溉设备　滴头和滴灌管　技术规范》更加准确。

标准化对象、编制标准的目的，并对产品进行功能分析，然后选择出拟在技术要求中对产品的特性进行规定的内容。在此基础上，按照性能特性原则、可证实原则最终确定技术要求中的要求型条款——通常为性能条款，如必要可含有规定过程的条款或描述条款。

　　产品的技术要求中通常需要对以下产品性能进行规定：使用性能、理化性能、人类工效性能、环境适应性等，出于其他特殊的考虑还可能需要对产品的结构、材料、工艺等进行规定。

一、使用性能

　　产品的使用性能指在一定条件下产品实现预期目的或者规定用途的能力或主要功能。使用性能通常是在使用条件下才能表现出来的性能。任何产品都有特定的使用目的或用途，其使用性能也是多种多样的。在某些情况下，使用性能可以用理化特性来表示，如弹性、硬度、溶解性、导热性、绝缘强度、电场强度、酸性、氧化性等。

（一）反映产品使用性能的特性

　　在产品标准，尤其是制成品标准的要素"技术要求"中，首选应对性能特性规定要求。在具体选择性能特性时应优先考虑产品的使用性能，尤其是直接反映产品使用性能的，如洗衣机的洗净率、对织物的磨损率，热水器的加热效率、出水温度稳定性能，零件的耐磨性、涂装材料的耐碱性等等。

　　产品的用途或功能千差万别，使得产品的某些使用性能难以通过直接指标反映出来。在这种情况下，无法规定"直接反映使用性能的特性"，只能采用"间接反映使用性能的可靠代用指标"来表示。由于用不同测试方法得出的不同指标的数据或得出的同一指标的不同数据，经过一定换算后，能够在实用范围内得到同样有效的判断或结论，因此可用这些数据中的某些数据代替别的数据作为衡量产品性能的指标。这时，前者就被称为后者的"代用指标"。请注意，只有在无法规定或找到直接指标时，才可使用代用指标。在使用代用指标时，需要注意选择能够真实、确切反映产品使用性能的"可靠代用指标"。例如，零件的耐磨性是其使用性能的直接指标，但标准中经常用零件的硬度、粗糙度以及零件所用材料的化学成分等间接指标来代替。

　　因此，对产品提出技术要求时，在进行产品功能分析的前提下，应首选直接反映产品使用性能的特性，并对其提出要求。例如直接反映洗衣机使用性能的特性可含有：洗净性能、对织物磨损率、漂洗性能、脱水性能、洗净均匀度等。对于洗衣机，水流速度、脱水转速等指标可能仅间接反映产品的使用性能，如果能够找到与无法表达的直接指标的确切关系，则可将它们作为产品使用性能的"可靠代用指标"。示例 3-13 给出了产品标准中对这些使用性能进行规定的实例。

【示例 3 - 13】

5.3 洗净性能

按附录 A 给出的洗净性能试验方法测定，洗衣机的洗净比应不小于 0.70。

5.4 对织物的磨损率

按附录 B 给出的试验方法测定，洗衣机对试验织物的磨损率应不大于表 1 给出的规定值。

表 1 洗衣机对试验织物的磨损率的规定值

洗衣机	限定值/%
波轮式洗衣机	0.15
滚筒式洗衣机	0.10
搅拌式洗衣机	0.15

5.5 漂洗性能

按附录 C 给出的试验方法测定，洗衣机洗涤物上残留漂洗液相对于试验用水碱度应不大于 0.06×10^{-2} mol/L（摩尔浓度）。

……

5.7 脱水性能

按 6.6 给出的脱水性能试验，经脱水机或洗衣机的脱水装置脱水后，洗涤物的含水率应符合表 2 给出的规定值。

表 2 洗涤物的含水率的规定值

脱水方式		含水率/%
手动式	挤水器	<150
离心式	波轮式和搅拌式全自动洗衣机	<115
	滚筒式洗衣机	<115
	波轮式普通型和半自动型洗衣机	<115
	脱水机	<115

……

5.16 洗净均匀度

按附录 A 给出的洗净性能试验方法测定，并按照 6.15 给出的计算方法进行计算，洗衣机的洗净均匀度应不小于表 7 给出的规定值。

表 7 洗衣机的洗净均匀度的规定值

洗衣机	限定值/%
波轮式洗衣机	86.0
滚筒式洗衣机	92.0
搅拌式洗衣机	94.0

［选自 GB/T 4288—2008《家用和类似用途电动洗衣机》，做了适当改动］

示例 3 - 14 给出了产品标准中对快热式热水器的使用性能进行规定的实例,涉及了加热效率、出水温度稳定性能、水质适应性能、加热速度、脉冲寿命等使用性能。

【示例 3 - 14】

---

6 性能要求

6.1 加热效率

按 7.1 和 7.2 给出的测试方法测试,热水器的加热效率应不低于 92%,加热效率应符合表 A.1 规定的分级指标。

6.2 出水温度稳定性能(仅适用于恒温热水器)

按 7.1 和 7.3 给出的测试方法测试,在一定的水压、电压和进水温度波动范围内,恒温热水器从开始工作到达稳定状态的调节时间,稳态误差和超调量应符合表 A.2 规定的分级指标。

6.3 水质适应性能

按 7.1 和 7.4 给出的测试方法测试,热水器加热器表面不应被水垢完全覆盖,其加热效率应不低于 90%,其水质的适应性能应符合表 A.3 规定的分级指标。

6.4 加热速度

按 7.1 和 7.5 给出的测试方法测试,热水器在正常使用状态下和使用设置下,从开始工作到进入稳定状态的时间应小于 20 s。

6.5 脉冲寿命

按 7.1 和 7.6 给出的测试方法测试,在至少承受 5 万次脉冲寿命试验后,热水器整机应能正常工作,各连接处无渗漏。热水器的寿命应符合表 A.4 规定的分级指标。

[选自 GB/T 26185—2010《快热式热水器》,做了适当改动]

(二)可靠性

可靠性指在一定时间内、一定条件下无故障地执行指定功能的能力或可能性。可靠性是产品最重要的使用性能之一。

产品标准中规定可靠性要求时,需要有定量的指标。由于产品的广泛性,不同产品、不同场合下可靠性很难用一个统一的指标来表达,通常用不同的指标来代表不同的情况。衡量产品的可靠性指标通常有可靠度、故障率、失效率、平均寿命(MTTF)、平均故障/失效间隔时间或平均失效间工作时间(MTBF)或者强迫停机率(FOR)等。其中平均故障间隔时间(MTBF)是指"从新产品在规定的工作环境条件下开始工作到出现第一个故障的时间的平均值(h)"。

示例 3 - 15～示例 3 - 18 给出了不同产品采用不同可靠性指标所做的规定。

【示例 3 – 15】

> **4.9　可靠性**
>
> 　　采用平均故障间隔时间（MTBF）或者采用产品规范所规定的方法衡量产品的可靠水平。采用平均故障间隔时间时，平板式扫描仪硬件系统的 m_0 值（MTBF 的可接受值）不应低于 2 000 h。

　　［选自 GB/T 18788—2008《平板式扫描仪通用规范》，做了适当改动］

【示例 3 – 16】

> **4.6　可靠性**
>
> 　　产品无故障使用插拔次数大于 2 000 次时，产品机械结构应无损坏，USB 借口不变形，可正常读写全部数据。

　　［选自 GB/T 26225—2010《信息技术　移动存储　闪存盘通用规范》，做了适当改动］

【示例 3 – 17】

> **5.10　无故障运行**
>
> 　　洗衣机在额定工作状态下，无故障工作次数或时间应不小于表 3 的额定值。试验后应能继续正常工作，离心式脱水机及脱水装置制动时间应不大于 20 s。
>
> 表 3　无故障工作次数或时间的规定值
>
> | 型式 | 无故障运行次数或时间 |
> | --- | --- |
> | 普通洗衣机 | 以定时器一个满量程为一次，共 4 000 次 |
> | 半自动或全自动洗衣机 | 以一个常用（标准）洗涤程序为一次，波轮式/搅拌式 2 000 次，滚筒式 2 300 h |
> | 离心式脱水机及脱水装置 | 按断续周期工作，共 6 000 次 |

　　［选自 GB/T 4288—2008《家用和类似用途电动洗衣机》］

【示例 3 – 18】

> **4.7　寿命**
>
> 　　按 5.9 给出的试验方法进行试验，牵引器在使用说明书规定的工作状态下连续无故障工作应不小于 30 000 次。

　　［选自 GB/T 23149—2008《洗衣机牵引器技术要求》，做了适当改动］

二、理化性能

　　当理化性能或生物学性能对产品的使用十分重要，或者产品的要求需要用理化性能加以保证，产品的使用性能需要理化性能作为代用指标时，应对产品的物理性能（含机械性能）、化学性能、电磁性能等进行规定。理化性能是原材料标准首先考虑规定的性能，零部件或元器件标准也会经常涉及对理化性能的规定。

理化性能通常规定产品的：

——机械性能，如产品的弹性、塑性、刚度、时效敏感性、强度、硬度、冲击韧性、疲劳强度等；

——物理性能，如产品的密度、黏度、粒度、溶解性、导热性等；

——电磁性能，如产品的绝缘强度、电场强度、电容、电阻、电感、磁感和磁导率等；

——化学性能，如产品的可燃性、不稳定性、酸性、碱性、氧化性、还原性、腐蚀性等；

——生物学性能，如活性酵母、乳酸菌、细菌总数、大肠菌群、致病菌、霉菌、微生物毒素、寄生虫、虫卵等。

进行产品功能分析后，在产品标准中对产品的理化性能提出要求，是继规定使用性能之外常常要考虑的技术要求。

示例 3－19 给出了原料标准中对物理性能进行规定的实例。

【示例 3－19】

5.5　粒度

　　按 GB/T 2684 给出的试验方法测定，采用试验筛分析熔模铸造用硅砂的粒度，其主要粒度组成部分，三筛砂重量主次比例应依次为：50％±5％、30％±5％、10％±5％，三筛砂总量不得小于 90％。

［选自 GB/T 12214—1990《熔模铸造用硅砂、粉》，做了适当改动］

示例 3－20 给出了材料标准中对物理性能进行规定的实例。

【示例 3－20】

5.2　物理性能要求

5.2.1　地坪涂装材料底涂

按第 6 章给出的试验方法测定，地坪涂装材料底涂应符合表 3 的规定。

表 3　地坪涂装材料底涂要求

项目		指标		
		水性	溶剂型	无溶剂型
容器中状态		搅拌混合后均匀，无硬块		
干燥时间/h	表干	≤8	≤4	≤6
	实干	≤48	≤24	
耐碱性（48 h）		成膜完整，不起泡，不剥落，允许轻微变色		
附着力/级		≤1		

［选自 GB/T 22374—2008《地坪涂装材料》，做了适当改动］

示例 3-21 给出了零部件标准中对机械性能和物理特性进行规定的实例。

【示例 3-21】

7 机械和物理性能

在环境温度下，按第 8 章给出的试验方法测定，规定性能等级的紧固件应符合表 3~表 7 规定的机械和物理性能。

表 3 螺栓、螺钉和螺柱的机械和物理性能

序号	机械或物理性能		性能等级									
			4.6	4.8	5.6	5.8	6.8	8.8		9.8	10.9	12.9/$\underline{12.9}$
								$d{\leqslant}16\,mm$	$d{>}16\,mm$	$d{\leqslant}16mm$		
1	抗拉强度 R_m/MPa	公称	400		500		600	800		900	1000	1200
		min	400	420	500	520	600	800	830	900	1040	1220
2	下屈服强度 $R_{eL}{}^d$/MPa	公称	240	—	300	—	—	—		—	—	—
		min	240		300		—	—		—	—	—
3	规定非比例延伸 0.2% 的应力 $R_{p0.2}$/MPa	公称	—					640	640	720	900	1080
		min						640	660	720	940	1100
4	紧固件实物的规定非比例延伸 R_{pf}/MPa	公称	—	320	—	400	480	—		—	—	—
		min		340		420	480	—		—	—	—
5	维氏硬度/HV, $F{\geqslant}98N$	min	120	130	155	160	190	250	255	290	320	385
		max	220				250	320	335	360	380	435
	......											

......

〔选自 GB/T 3098.1—2010《紧固件机械性能 螺栓、螺钉和螺柱》，做了适当改动〕

示例 3-22 给出了原材料标准中用表格表述产品化学成分的描述条款的实例。

【示例 3-22】

5.1 化学成分

熔模铸造用砂、粉的主要化学成分为 SiO_2 及有害杂质的含量应符合表 1 的规定。

表 1   %

分级代号	SiO_2（不小于）	有害杂质含量（不大于）			外观
		K_2O+Na_2O	$CaO+MgO$	Fe_2O_3	
98	98	1.0		0.1	洁白
97	97	1.5		0.2	个别砂粒有锈斑
96	96	2.0		0.3	个别砂粒有锈斑

〔选自 GB/T 12214—1990《熔模铸造用硅砂、粉》〕

三、人类工效性能

人类工效学是研究人、机、环境相互间的关系，保证人们安全、健康、舒适地工作，并取得满意的工作效果的学科。

产品标准，尤其是制成品（消费品）标准常常需要针对人类工效性能提出要求，以保证产品不但可用，还要好用，满足舒适、效率的要求。考虑人类工效性能就是要从人的角度，而不是仅从产品的角度对产品的功能提出要求，也就是要使机器、设备、环境适应人的需求，具体地说就是要使产品满足人的生理、心理特性，包括视觉、听觉、味觉、嗅觉、触觉等特性。

考虑人和机器在信息交换和功能上接触或互相影响的人机界面的要求是人类工效性能重点考虑的方面之一。

人类工效性能通常会对产品提出：

——外观或感官方面的要求，如表面缺陷、颜色、噪声、口感、柔软度、舒适度等；

——人机界面要求，如易读性（产品使用者接收信号、输入）、易操作性（产品使用者发出指令、输出）等。

示例 3-23～示例 3-25 给出了从人类工效学的角度对产品规定的相关要求。

【示例 3-23】

4.1　结构要求

4.1.1　筒门开启装置

4.1.1.1　筒门开启装置在操作时应便于用户发力。

4.1.1.2　筒门开启装置的尺寸应便于用户操作。对于把手型筒门开启装置，筒门把手（图 4）的深度 D_m 和宽度 W_m 均应不小于 25 mm，有效长度 L_h 应不小于 130.5 mm。

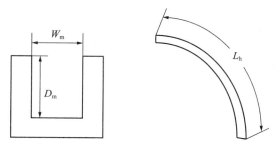

图 4

　4.1.1.3　筒门开启装置的高度应便于用户操作。对于把手型筒门开启装置，筒门把手开口下端高 H_b（图 5）宜为（601 mm$-h$）～（916 mm$-h$）。

　　注：h 为筒门下端 P_{95} 女性 1/2 手宽所对应的垂直方向的高度。

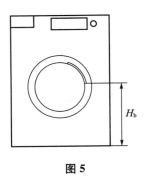

图 5

......

4.2　操作力要求

4.2.1　筒门开启力

筒门应易于开启。对于拉力开启式筒门，按 5.1.2.1 给定的方法测定，开启位置小于 818 mm 时，筒门开启拉力应不大于 60 N；开启位置大于 818 mm 时，筒门开启拉力应不大于 70 N。

4.2.2　旋钮扭力

按 5.1.2.2 给定的方法测定，程序旋钮的操作力宜为 0.7 N～2.3 N。

4.2.3　按键压力

按 5.1.2.3 给定的方法测定，按键压力应适宜用户执行操作。注塑式按键压力宜为 1.6 N～6.4 N。

［选自中国标准化研究院人类工效学实验室技术规范《滚筒洗衣机　人类工效学技术规范》］

【示例 3 - 24】

4.1.5　预计平均热感觉指数（PMV）

室内热环境稳定后，选取坐姿活动状态（办公室、居所、学校、实验室）下的人体代谢率（58 W/m²），按照附录 A 中的方法计算出检测点的 PMV，室内环境的 PMV 取所有检测点 PMV 的平均值，室内环境的 PMV 应在（－1，＋1）范围内。

［选自中国标准化研究院人类工效学实验室技术规范《房间空气调节器热舒适性评价》］

【示例 3 - 25】

5　操纵器一般工效学要求

......

5.2　操纵器的尺寸要求

5.2.1　操纵器的尺寸应符合 GB/T 10000 中有关操作者动作肢体的人体测量学指标。

［选自 GB/T 14775—1993《操纵器一般人类工效学要求》］

四、环境适应性

环境适应性指产品在其寿命周期内的使用、贮存和运输等状态预期会遇到的各种极端应力的作用下，实现预定的全部功能的能力，即不产生不可逆损坏并能正常工作的能力。也就是产品对外部环境（使用环境、贮存环境、运输环境）的适应程度。

根据产品在运输、贮存和使用中可能遇到的实际环境条件，产品标准在技术要求中常需要规定相应的指标，如规定产品对下述影响的适应程度：

——机械影响：如振动、冲击、扭转等；

——气候影响：如温度、湿度、大气压、海拔高度、阳光辐射、大气降水、盐雾、烟雾、灰尘等；

——其他特殊影响：如生物、放射、电磁场、化学、酸碱度、工业腐蚀等。

例如"按××试验方法进行测试，××产品应能在小于－55 ℃的温度下正常工作。"

【示例 3－26】

4.8　环境适应性要求

4.8.1　气候环境适应性

按 5.8.1～5.8.3 给出的试验方法进行试验，平板式扫描仪的气候环境适应性指标应在表 1 中给出的数值范围内。

表 1　气候环境适应性

气候条件	工作环境	储存运输环境
温度/℃	10～35	－25～55
相对湿度/（％ RH）	20～80	20～93（40 ℃）
气压/（kPa）	86～106	

［选自 GB/T 18788—2008《平板式扫描仪通用规范》，做了适当改动］

五、结构

产品标准中需要对产品的结构提出要求时，应作出相应的规定。对产品结构尺寸进行规定时，应给出结构尺寸图，并在图上注明相应尺寸（长、宽、高三个方向），或者注明相应尺寸代号等。

（一）满足安全要求的需要

当产品标准的编制目的含有保证安全时，标准中常常需要对产品的结构提出要求，有时需要规定严格的尺寸数值，还可能包括结构细节，例如保证安全的防错装结构。

【示例 3－27】

22.30　起附加绝缘或加强绝缘作用，并且在维护保养后重新组装时可能被遗漏掉的Ⅱ类结构的部件：
　　——应以使不严重地破坏就不能将它们取下的方式进行固定，或
　　——其结构应使它们不能被更换到一个错误的位置上，而且使得如果它们被遗漏，器具便无法工作，或是明显的不完整。
通过视检和手动试验确定其是否合格。

　　［选自 GB 4706.1—2005《家用和类似用途电器的安全　第 1 部分：通用要求》］

【示例 3－28】

22.104　符合第 20 章要求的机盖和机门的联锁装置，按××给出的试验方法试验，其结构应使得器具在正常使用中不可能将它们打开。

　　［选自 GB 4706.24—2008《家用和类似用途电器的安全　洗衣机的特殊要求》，做了适当改动］

【示例 3－29】

7　结构
7.1　灯具应采用密闭式结构，其外壳防护等级应至少达到 IP4X。
　　注：诸如格栅灯具、不带灯罩的灯具等不是密闭式结构。
7.2　灯具提供的安装方式以及灯的控制装置的安装应有防松措施。

　　［选自 GB 24461—2009《洁净室用灯具技术要求》，做了适当改动］

（二）满足接口、互换的需要

如果产品标准的编制目的包含接口、互换性，或者标准化对象是零部件、元器件时，常常有必要对产品的结构提出要求。这种情况下，规定产品尺寸时往往需要规定公差，以满足接口、互换的需要。示例 3－30 给出了在规定产品结构尺寸时，提供结构尺寸图的例子。

【示例 3－30】

端键传动的结构应与图 2 相符合，尺寸应符合表 2 的规定。

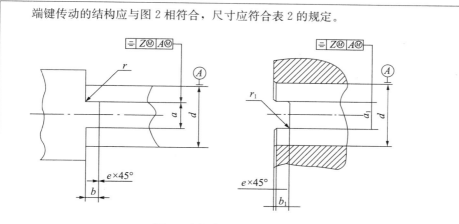

图 2　端键传动的结构

表 2　端键传动的尺寸要求　　　　　　　　单位为毫米

d^a	刀杆			铣刀			e		z
	a	b	r	a_1	b_1	r_1	基本	极限	
	h11	h11	最大	H11	H11	最大	尺寸	偏差	
5	3	2.0	0.3	3.3	2.5	0.6	0.3		0.15
8	5	3.5	0.4	5.4	4.0		0.4	+0.1 0	
10	6	4.0	0.5	6.4	4.5	0.8	0.5		
13	8	4.5		8.4	5.0	1.0			0.2
16		5.0			5.6				
19	10	5.6	0.6	10.4	6.3	1.2	0.6	+0.2 0	
22									
…	…	…	…	…	…	…	…	…	…

^{a} d 的公差（齿轮滚刀除外）。

刀杆：h6。

铣刀：H7。

［选自 GB/T 6132—2006《铣刀和铣刀刀杆的互换尺寸》，做了适当改动］

六、材料

产品标准中的制成品标准或系统标准通常需要规定产品的使用性能或理化特性等，而不涉及材料要求。只有在为了保证产品的性能和安全，不得不对重要零部件所使用的材料进行规定时，才需要提出材料要求。这时如果需要规定的材料在现行标准中已有规定并且适用，应予以引用，或者规定使用性能不低于有关标准规定的其他材料；如无现行标准，可以对材料性能作出具体规定。

对于原材料，只有在无法确定必要的性能特性时，才可直接指定，这时最好补充如下文字"……或其他已经证明同样适用的原材料。"

示例 3－31 给出了为了保证安全而规定产品材料的例子。

【示例 3－31】

> **7.5**　灯具的外壳应采用非可燃材料。
>
> ……
>
> **7.7**　灯具外壳应采用防腐蚀材料，或采用表面经过良好防腐处理的材料。
>
> 合格性使用 GB 7000.1 中 4.18 给出的方法检验。

［选自 GB 24461—2009《洁净室用灯具技术要求》］

示例 3－32 给出了标准中指定桥梁用结构钢牌号的例子，同时规定了相应的化学成分。

【示例 3－32】

> **7.1**　牌号及化学成分
>
> **7.1.1**　不同交货状态钢的牌号及化学成分（熔炼分析）应符合表 1～表 5 的规定。
>
> ……
>
> **表 3　热机械轧制钢化学成分**
>
> | 牌号 | 质量等级 | 化学成分（质量分数）/% | | | | | | | | | | | |
> |---|---|---|---|---|---|---|---|---|---|---|---|---|---|
> | | | C | Si | Mn^a | Nb^b | V^b | Ti^b | $Als^{b,c}$ | Cr | Ni | Cu | Mo | N |
> | | | 不大于 | 不大于 | | | | | | 不大于 | | | | |
> | Q345q | C D E | 0.14 | 0.55 | 0.90～1.60 | 0.010～0.090 | 0.010～0.080 | 0.006～0.030 | 0.010～0.045 | 0.30 | 0.30 | 0.30 | — | 0.0080 |
> | Q370q | D E | | | 1.00～1.60 | | | | | | | | | |
> | Q420q | D | 0.11 | | 1.00～1.70 | | | | | 0.50 | 0.30 | | 0.20 | |
> | Q460q | E | | | | | | | | | | | 0.25 | |
> | Q500q | F | | | | | | | | 0.80 | 0.70 | | 0.30 | |

［选自 GB/T 714—2000《桥梁用结构钢》］

示例 3－33 给出了规定材料要求（即所需的力学性能）的例子。

【示例 3 – 33】

6　技术要求

……

6.5　力学性能

钢材的力学性能应符合表 2 的规定。表 2 中未列入的牌号，用热处理毛坯制成试样测定力学性能，优质碳素结构钢应符合 GB/T 699 的规定，合金结构钢应符合 GB/T 3077 的规定。

表 2

序号	牌号	冷拉			退火		
		抗拉强度 $R_{m}/$（N/mm²）	断后伸长率 $A/\%$	断面收缩率 $Z/\%$	抗拉强度 $R_{m}/$（N/mm²）	断后伸长率 $A/\%$	断面收缩率 $Z/\%$
		不小于			不小于		
1	10	440	8	50	295	26	55
2	15	470	8	45	345	23	55
3	20	510	7.5	40	390	21	50
4	25	540	7	40	410	19	50
5	30	560	7	35	440	17	45
6	35	590	6.5	35	470	15	45
……							

［选自 GB/T 3078—2008《优质结构钢冷拉钢材》，做了适当改动］

七、工艺

产品标准通常不包括生产工艺要求（如加工方法、表面处理方法、热处理方法等），而以成品试验来代替。然而为了保证产品性能和安全，不得不限定工艺条件（例如热轧、挤压），甚至需要检验生产工艺（例如压力容器的焊接等）时，则可规定工艺要求。

【示例 3 – 34】

11.1.1.2　制造方法

AlNiCo 硬磁材料由铸造或粉末冶金方法生产。钴含量高于 15% 时，通过在热处理时加磁场，可产生磁各向异性，其磁特性可在择优的方向增加。具有柱状晶或单晶结构的材料，在热处理时平行于柱状晶轴加磁场，可得到铸造硬磁材料的最佳性能。

……

11.1.2.2　制造方法

CrFeCo 硬磁合金材料可由铸造或粉末冶金方法生产，通过热轧或冷轧成带材或拉成丝材，有些经冲压、车削或钻孔而达到所需形状。

……

> **11.1.3.2　制造方法**
>
> FeCoVCr 硬磁合金材料由铸造法生产，通过热轧或冷轧成带材或拉成线材。冷变形（20%～95%）及随后 500 ℃～650 ℃的热处理对获得磁性是必不可少的工艺过程。

　　[选自 GB/T 17951—2005《硬磁材料一般技术条件》，做了适当改动]

　　国家、行业的产品标准，除特殊情况通常不涉及工艺要求，但是工艺要求是企业标准或规范中需要考虑的技术内容。然而企业的生产工艺可能会含有企业的技术秘密、知识产权，因此最好编制成单独的企业标准、工艺规范或工艺规程。

第三节　产品标准中的安全要求

　　产品标准中可能包含安全要求，这包括产品的性能以及产品生产、检验、安装、使用、处置等环节中涉及安全的要求。虽然不是所有产品标准都包含安全要求，但是为了保证产品用户和消费者不至于受到产品的伤害，凡是有一定风险的产品在设计和相应标准编制中有必要考虑涉及安全的要求，GB/T 20002.4《标准中特定内容的起草　第4部分：标准中涉及安全的内容》为标准编写者提供了确定有关安全技术要求的方法论。

一、产品涉及安全的风险要素的分析

　　确定安全要求首先要对产品给使用者带来的风险入手，分析风险的要素及其程度和特性，以便确定相应降低风险措施和保证安全的基本要求。产品涉及安全的风险分析是否到位决定着安全指标的科学合理性，是安全指标确定过程中的首要环节。

（一）考虑风险的视角

1. 安全的提升空间

　　安全指免除了不可接受的风险的状态。人类通过采取相应措施，使其生存环境不致给身体或财产造成不可接受的伤害或损失。相对于不可接受的风险，可接受的风险（可容许风险）指按当今社会价值取向在一定范围内可以接受的风险。人类的生存经验表明不可能消除所有的危险源，有时需要隔离或告知人们避开危险源。在现有条件下，能让人们觉得可以接受的风险，随着人们对生活水平要求的提高，也可能会变得不可接受。

　　安全不是绝对的，是一个相对的概念。术语"安全的"通常被公众理解为一种免于面临所有危险的被保护状态，这是一种误解。确切地说："安全的"是一种免于面临可能造成伤害的已知危险的被保护状态。某些程度的风险是产品和/或系统中固有的。所以，总是有空间降低风险，最大限度的安全是人类永恒的追求。

2. 可容许风险的判定

所有产品和/或系统都包含危险，以及相应的一定程度的残余风险。无论是产品设计还是在标准中确定要求，宜将这些风险降至可容许的程度。通过降低风险至可容许程度来实现安全。

降至可容许程度的风险被定义为可容许风险。可容许风险可以通过以下方面判定：

——当今社会价值取向。在"以人为本"的现代价值理念下，更加注重保障人们在生产或生活中的安全，安全问题比以往得到了社会更多的关注，例如食品健康和安全方面，以前不太关注的劣质食用油现在变得不可接受了。

——在绝对安全的理想状态和可实现的状态之间寻找最佳平衡。例如，人们对好的空气质量的期盼是无限的，而现实中又不可能消除空气中所有有害物，只能根据对空气中各种有害物监测的结果和影响人体健康程度的分析判定，确定可接受的空气质量的各项指标，并通过采取减排、绿化等措施达到这些指标要求。现有的检测条件能够支持对空气中有害物的测评。

——通过产品和/或系统满足的要求。例如在地铁站台与轨道间通过加装防护栏可以减少乘客掉入轨道的几率，由此判定没有防护栏是不可接受的。只要能通过防护产品或设置系统降低的风险，就不能简简单单判定为可接受风险。

——用途的适合性和成本效率等因素。例如，有些场所安装防护装置的成本远远高于人工看守的成本，从防护效果衡量，人工看守的防护效果略逊于防护装置，但综合考虑成本因素，接受了人工看守的选择。随着人工成本的提升、防护装置技术的改进或成本的降低，可能又会选择防护装置。

在考虑以上因素的基础上，需要审核可接受的程度，特别是技术和知识的发展能为加严可接受的程度带来可行性，实现产品和/或系统使用风险的最小化。将整体风险降低至可容许风险程度所涉及的因素，因产品和/或系统的使用地点（工作场所、公共场合或消费者家庭内或家庭周围）不同而有较大差异。在许多情况中，可以通过职业培训以及要求工人使用防护措施和设备更大程度地控制工作场所中的风险。但这可能不适用于家庭或公共场所。

3. 产品使用角度的安全性

标准起草者应考虑产品和/或系统的预期使用和可合理预见的误使用的问题，采用降低风险措施来达到可容许风险的程度。预期的使用指按产品和/或系统提供的信息使用，无此类信息时，按通常理解的模式使用；可合理预见的误使用指可预测的，未按供方提供的方式使用产品和/或系统的行为。标准起草者应根据终端用户人群的集体经验，考虑可合理预见的产品的使用（从对消费者安全的角度考虑，术语"可合理预见的使用"包括"预期的使用"和"可合理预见的误使用"）。特别是在判定消费品所带来的风险时，宜考虑该产品可能被通常没有能力理解产品危险或容易受到危险伤害的消费者使用（容易预见的行为包括全部类型的用户行为，例如老人、儿童和残疾人士）。对众多供方而言，终端用户可能不会将产品用作预期的使用或以规定的方式来使用，这需要在产品设计过程中考虑可预测的常见行为。

（二）产品涉及安全的风险要素的类别

1. 风险的含义

风险是指"伤害发生概率和伤害严重程度的组合"〔引自 GB/T 20002.4—2015，定义 3.9〕。风险是一个与不确定性密不可分的概念，通常可以将风险界定为一种不确定的状态，或是预期结果与实际结果之间的偏离程度。虽然风险可以从多种维度考量，但通常考量风险的维度是某种特定的伤害发生的可能性和产生后果的严重性。

注：危险指可能导致伤害的潜在根源；伤害指对人体健康的损害或损伤，对财产或环境的损害。

将伤害发生概率和后果的严重程度相比，人们更不能接受的是发生概率很小但后果极其严重的风险。因此，对复杂大型系统而言，从定性的角度研究风险比从定量的角度会更全面。

2. 风险要素的分立和组合

风险的大小一般分为伤害发生概率和后果的严重程度两方面考虑。换句话说从危险事件发生导致伤害的概率和人们受到伤害的程度两方面分开考虑。但最终的分析判定结果是组合伤害发生概率和伤害严重程度得到的，即判定为可容许风险是指伤害发生的概率和伤害程度两方面都可以接受。总之，风险指伤害发生概率和伤害严重程度的组合。发生概率包括处于危险情况中，发生危险事件，以及避免或限制伤害的可能性。

注：危险事件指能导致伤害的事件；危险情况指人员、财产或环境暴露于一种或多种危险中的情形。

与某个特定危险情况有关的风险取决于以下两方面要素：

a）考虑到的危险可能造成伤害的严重程度；

b）该伤害发生的概率，与以下情况有关：

1）是否出现危险情况；

2）是否发生危险事件；

3）是否可能避免或限制伤害。

综合考虑两方面具体因素确定风险大小，例如，小孩在宾馆旋转门玩，可能会导致手或脚被旋转门夹住，造成擦伤、挫伤、甚至骨折等不同程度的身体伤害；伤害概率指每一百个经过旋转门的孩子可能有 8 个会玩旋转门，玩门的孩子中有 6 个孩子可能会被家长或保安制止住，没被制止住的孩子中可能有一个会受伤。综合这些情况可以判断伤害风险的大小。可以对某类风险进行分级，以便采取相应的措施。需要注意是，有些危害巨大的风险即便发生概率较低，但仍需得到重视，例如海啸带来的灾难，虽然发生概率低，但一旦发生损失将是巨大的。

风险要素见图 3-1。

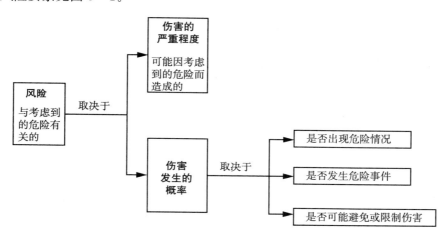

图 3-1　风险要素

二、产品涉及安全的风险评定程序与要求

风险评定包含风险分析和风险评价的全过程。风险分析指系统地运用现有信息确定危险和评估风险的过程。风险评价指根据风险分析的结果确定是否已实现可容许风险的过程。

为实现可容许风险有必要对于每个危险循环进行风险评定和降低风险。标准起草者需要解决的关键问题是：在产品和/或系统从研发到报废环节的供应链过程中，预判风险评定的循环过程由以下哪一方承担：

——起草该标准的委员会，委员会针对特定的和已知的风险进行风险评定（例如，用于证明监管合规性的特定产品标准）；

——标准使用者（例如，产品和/或系统的制造商/供方），他们针对确定的危险（例如基于 GB/T 15706 或 ISO 14971）进行风险评定。

降低风险到可容许的程度宜采用下列步骤（见图 3-2）：

a) 确定产品和/或系统的可能使用者，包括易危消费者和其他受产品影响的消费者；

b) 确定产品和/或系统的预期的使用，评定产品和/或系统的可合理预见的误使用；

c) 确定使用（包括安装、操作、维护、修理和销毁或报废）产品和/或系统时所有阶段和条件下产生的每个危险（包括可合理预见的危险情况和危险事件）；

d) 预测和评价由已确定的危险所引起的对各个受影响用户群体的风险，宜考虑由不同用户群体使用的产品和/或系统，也可以通过对比类似产品和/或系统来进行评价；

e) 如果风险未达到可容许的程度，继续降低风险直至达到可容许的程度。

图 3-2 显示了风险评定和降低风险的循环过程。

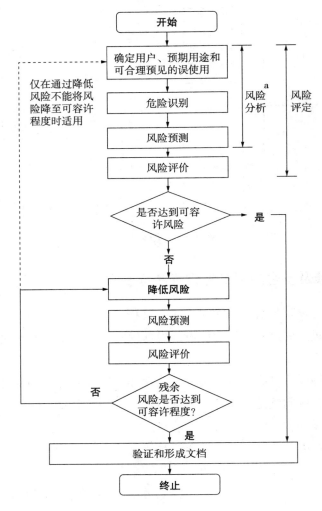

a 图 3-1 中给出了风险要素的分析。

图 3-2　风险评定和降低风险的循环过程

三、降低产品涉及安全的风险的方法与步骤

降低风险措施是在产品涉及安全的风险评定的基础上，针对不同的风险及其程度，采取相应的措施，以达到可以接受的相对安全程度。降低风险措施的选择取决于安全水平的设定、能够达到的技术水平以及投入成本的综合考虑。降低风险措施也不是一成不变的，随着科学技术的发展和安全理念的进步而不断改进和完善。

（一）降低产品涉及安全的风险的方法体系

降低风险的方法有许多不同的形式，它将涉及较宽的技术领域和大多数产品。降低风险措施又可称作防护措施，指消除危险或降低风险的行动或手段，包括固有安全设计、防护装置、个体防护装备、使用和安装信息、工作安排、培训、设备应用、监督等。

标准起草者宜指明降低风险措施，以将相关产品和/或系统的风险程度降至可容许程度。包括安全方面内容的标准宜为实现可容许风险提供指导。当处理多重风险的危险情况时，需注意，针对某项风险采取特定降低风险措施可能导致其他风险上升，要尽力避免这种情况发生。如果在安全标准中针对降低风险给出多种选择，标准宜明确说明如何应用风险评定原则，选择最适当的方法降低风险至可容许程度。

图3-3体现了在设计阶段应用"三步法"以及在使用阶段应用其他降低风险措施的原则。

（二）降低产品涉及安全的风险的步骤

降低风险时，应遵照以下优先顺序：

a）固有的安全设计；

b）守卫制度和防护装置；

c）提供给用户的信息。

固有的安全设计措施是通过更改产品和/或系统的设计或操作方式，消除危险和/或降低风险而采取的措施。它是降低风险过程中的第一步，也是最重要的一步。这是因为针对产品和/或系统固化在产品上的防护措施通常是最有效的，以往的经验也表明即使是精心设计的守卫制度和防护装置也有可能失效或发生故障，而且用户可能不会遵照使用信息的要求。显然，在产品和/或系统的初期设计阶段，固有安全设计措施通常适用。因此，对某些危险的风险评价可能在循环的最初阶段就得到一个积极的结果，而不必有进一步的风险需要降低。

当固有安全设计措施无法合理实现去除危险或充分减少风险的目标时，应使用守卫制度和防护装置，也可采取带有额外设备（例如紧急停车装置）的防护装置。

终端用户在降低风险措施中有义务按照设计者/供方提供的安全信息使用产品和/或系统。但是，使用信息不应作为正确应用固有安全设计措施、守卫制度或防护装置的替代。

标准宜包括验证所实施的降低风险措施的指导方法，包括：

——措施的有效性，如测试方法；

——遵照的风险评定程序；

——风险评定结果的档案管理。

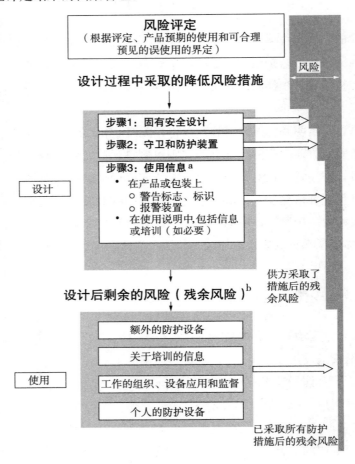

[a]见本节"四"（五）中的"3"。

[b]例如，产品和/或系统在供应给用户后出现的残余风险，或安装后出现的结构特征残余风险。

图3-3　降低风险：设计和使用阶段的组合措施

四、产品标准中安全要求的确定和编写

安全要求与一般性能要求的确定方法并无差别。确定过程需要从保障安全的角度，通过全面考虑安全因素而明确安全要求的方方面面。作为编写者首先应明确是

编制产品标准还是产品安全标准，出发点不同，标准编排内容也不一样。

（一）产品标准中安全要求确定原则和考虑因素

产品标准中安全要求的确定取决于风险评定的结果，根据最终可达到的可容许风险水平，设定产品与安全相关的指标极限值，同时规定降低风险的方法和步骤。这些方法步骤包括产品主体安全设计要求、防护装置的设计要求、安全使用信息的安排、安全使用培训的指导、使用过程的安全检查规程、维护保养规程、使用者防护装备等。

确定安全要求重要的是收集所有相关信息（例如意外事故的数据、研究报告），没有这些信息作为基础，不可能科学地设定安全要求。这些信息包括但不限于：

——产品和/或系统的详细的工作知识；

——有利于标准发展的总体和特定的来自各方的要求和指导方法；

——人类行为研究和人体测量数据；

——产品和/或系统的受伤/意外数据的缺陷和历史记录；

——产品和/或系统对健康和环境潜在影响的知识；

——产品和/或系统的使用者实际经验的反馈；

——潜在的防护措施的知识（防护措施）；

——产品和/或系统的未来发展方面的知识；

——产业界的标准和指南；

——从利益相关方获得的最好的专业知识和科学建议；

——法律要求。

确立标准中涉及的安全要求方面时，宜考虑下列安全要素：

——预期目的和可合理预见的误使用；

——在预期条件下产品和/或系统的使用性能；

——与环境的兼容性（例如考虑到电磁、机械和气候现象）；

——人类工效学因素；

——法律要求；

——现行的相关标准；

——安全措施的可用性和/或可靠性；

——服务能力（包括"维修"，例如易于达到的服务项目，加油或加润滑油的方法）；

——维护和管理；

——防护手段的持续性和可靠性；

——可处理性（包括相关的说明）；

　　——产品和/或系统的终端用户的特殊需要（如需要非常明显）；

　　——故障特性；

　　——标记、信息和标签；

　　——安装指南；

　　——安全须知。

　　上述要素不是每一个标准都要具备，根据具体标准的编制需要而定。同时也可以增加考虑上述列项中没有列出的要素。

（二）产品标准中涉及儿童安全要求的考虑因素

　　产品标准中涉及儿童安全要求时，需要有更深入的考虑。由于儿童的不同发育阶段的特性，使他们处于不同种类的危险状况，决定了他们遭受伤害风险的方式不同于成年人。儿童的主要发育特性包括儿童身体尺寸、外形、生理、体能和认知能力、情感发展和行为等方面。GB/T 20002.1《标准中特定内容的起草　第1部分：儿童安全》给出了这些特性的详细描述。这些特性随着儿童发育快速改变。父母和成年人通常高估或低估儿童处于不同发育阶段的能力，从而导致危险源的暴露。此外儿童周围的许多环境是为成年人而设计的。

　　在确定与产品相关的潜在危险时，需要全面考虑儿童特性，因为这些特性可能组合发生作用，增加儿童受伤风险。例如探险行为可能导致儿童攀爬梯子，而有限的认知能力可能让儿童认识不到梯子可能太高或不稳定，最后由于运动神经还不够发达，可能导致儿童失去握持能力而坠落。

　　对于儿童而言，与产品相关的风险可能较高。重要的是，要认识到各个危险组合产生的伤害可能不同于单个危险独立产生的伤害，甚至更加严重。同样重要的是要认识到，随着技术发展和生活方式的改变，新危险可能出现并进入儿童环境，例如在家上班（远程工作）和高级家庭医疗护理（例如使用气瓶和监视设备）。

　　GB/T 20002.1《标准中特定内容的起草　第1部分：儿童安全》分析了与产品相关的危险以及它们伤害儿童的可能性，并提供了已报告的伤害方式的实例。这些实例涉及的危险主要方面包括机械危险、热危险、化学品危险、用电危险、辐射危险、生物危险、爆炸危险、不充分的保护功能造成的危险和不充分的信息造成的危险。在评定这些种类的风险时，需要考虑下列特殊因素：

　　a）儿童受伤可能性；

　　b）儿童与人员和产品的互作用；

　　c）儿童发育和行为；

　　d）儿童缺乏知识和经验；

　　e）社会和/或环境因素。

由于儿童伤害与他们在不同年龄所处的发育阶段和危险源暴露紧密相关，因此按年龄组将儿童伤害分类以鉴别出现的模式相当重要。例如，对于年龄不满5周岁的儿童，烤箱门灼伤、烫伤、药物和家用化学品中毒以及溺死事故率最高；对于5周岁～9周岁的儿童，与从游乐场设备上跌落相关的伤害事故率最高；对于10周岁～14周岁的儿童，与体育运动相关的碰撞或跌落造成的伤害的事故率最高。

（三）产品安全标准的结构编排和内容表述

产品安全标准在安全标准体系中处于中下位，因为解决安全问题更宜在通用层面解决问题，而不同产品的安全依靠基础通用安全标准统一解决，避免分散解决造成重复矛盾。

为了有条不紊地统一协调解决安全问题，宜在更高层面考虑制定统一的安全要求，即制定基础通用的安全标准，为各产品标准的制定中涉及安全要求时，提供引用的基础。制定基础通用的安全标准，负责不同产品和/或系统标准编制的委员会之间需要密切合作。建议采用一个体系以确保每一个具体的标准仅限于特定方面的内容，相关的其他方面的内容则引用更通用的标准。按下列标准分类建立这样的体系：

——基础安全标准，规定适用于较宽范围的产品和/或系统中有关一般安全内容的基本概念、原则和要求，如 GB/T 31523.1《安全信息识别系统　第 1 部分：标志》；

——专业安全标准，规定适用于涉及多于一个委员会的几类或同类的产品和/或系统的安全内容，尽可能引用基础安全标准，如 GB 23821《机械安全　防止上下肢触及危险区的安全距离》；

——产品安全标准，规定适用于单一委员会范围内的具体的或同类的产品和/或系统的安全内容，尽可能引用基础安全标准和专业安全标准，如 GB 3565《自行车安全要求》；

——包含安全内容的标准，这些标准不专门解决安全问题，尽可能引用基础安全标准和专业安全标准，如 GB/T 27544《工业车辆　电气要求》。

当提出一项涉及安全内容的制修订标准项目时，宜确定标准包括什么内容和标准为谁而定。可通过回答下列问题加以确定。

a）标准针对哪些应用者？

1）谁将应用和怎样应用该标准？

2）谁将受该标准的影响（包括可能的环境影响），影响是什么？

3）应用该标准或受该标准影响需要做什么？

b）标准的种类是什么？

　　1）基础安全标准；

　　2）专业安全标准；

　　3）产品安全标准；

　　4）包含安全内容的产品标准。

c）标准的目的是什么？

　　1）出于哪些与安全有关方面的考虑？

　　2）该标准是否将用于试验？

　　3）该标准是否将作为合格评定的依据？

就产品安全标准而言，其结构与产品标准的结构相似，只是"要求"的内容限于与安全有关的内容，不包括其他内容，参见示例 3-35。

【示例 3-35】

4 总则（规定不应有外露突出物的要求）
5 车闸（规定应装有前后轮两个制动系统，制动系统及其零部件不应断裂等要求）
6 车把（规定车把转向的范围、车把部件的强度等要求）
7 车架/前叉组合件（规定避免车架/前叉组合件的永久变形要求）
8 前叉（规定前叉的强度要求）
9 车轮（规定车轮的负荷等要求）
10 车辋、外胎和内胎（规定内外胎与车辋的压合要求）
11 脚蹬和脚蹬/曲柄驱动系统（规定脚蹬/曲柄驱动系统负荷要求）
12 鞍座（规定鞍座的强度要求）
……
21 道路试验
22 闸皮试验
23 制动系统受力试验
24 制动性能试验
25 脚闸线性试验
26 车把部件试验
27 车架/前叉组合件冲击试验
……

［选自 GB 3565—2005《自行车安全要求》，做了适当改动］

（四）产品标准中安全内容的编排形式

为了便于法律法规引用或安全认证的需要，产品标准中的安全要求尽可能单独作为一章编排而不混入一般的要求中，参见示例 3 - 36。

【示例 3 - 36】

1　范围
2　规范性引用文件
3　术语和定义
4　一般要求
4.1　外形尺寸偏差
4.2　外观
4.3　理化性能
4.4　木材含水率
<u>5　安全要求</u>
<u>5.1　结构安全</u>
<u>5.2　有害物质限量</u>
<u>5.3　阻燃性能</u>
6　警示标识
7　试验方法
8　检验规则
9　标志、使用说明、包装、运输、贮存

［选自 GB 28007—2011《儿童家具通用技术条件》］

（五）产品安全标准或包含安全内容的标准的表述

1. 术语"安全"和"安全的"的使用

为了在现实生活中避免造成人们的误解，在标准中或其他媒介的表述中不宜用"安全"和"安全的"作为修饰语修饰产品，以免传达绝对化的、无用的额外信息，而且容易让消费者认为有确实免除了风险的意思。建议凡可能时，用被修饰对象的特征代替"安全"和"安全的"作为修饰语。例如用"防坠落绳带"，而不用"安全带"；用"日用火柴"，而不用"日用安全火柴"；用"防护头盔"，而不用"安全头盔"；用"阻抗防护装置"，而不用"安全阻抗"；用"防滑地板涂料"，而不用"安全地板涂料"。总之，不宜在产品名称前冠以"安全"或"安全的"作为定语。同样，在编写产品标准名称时，也不宜在产品名称前冠以"安全"或"安全的"字样，应使用产品的具体安全用途或领域产品的定语代替"安全"或"安全的"字样，从而避免给产品使用者或消费者带来误解。

2. 安全要求的表述

标准起草者宜熟悉与产品和/或系统相关的危害和危险情况。他们宜考虑一个具体产品和/或系统涉及的已知危险和/或常见危险情况的清单。对于儿童和易危人群使用过的产品或预期使用的产品宜给予特别的考虑，因为他们往往无法理解所遭遇的风险。标准宜包含尽可能消除危险或在消除不了时降低风险的重要要求。这些降低风险措施（防护措施）宜以要求表达，且宜按标准中的规定进行验证。

规定降低风险措施（防护措施）的要求宜使用准确、清楚和易于理解的语言，并在技术上保持正确性。标准宜清楚完整地陈述为验证是否满足要求而采用的方法。当标准规定以性能为基础的降低风险措施时，要求宜包括：

——要控制的风险的清单；

——每个控制措施的明确的性能要求；

——确定是否符合性能要求的详细的验证方法。

可取的做法是，使用性能特性（参数）以及特性值（参数值）（如以 20 km/h 的速度移动的机器所需要的制动距离 6 m 作为对制动系统所要求的性能特性），而不是仅用设计描述特性表示降低风险要求，以验证与安全有关的性能，参见示例 3 - 37。

【示例 3 - 37】

> **4.4.2　绝缘电阻要求**
> 介于铜箔或铝箔与灯所有连接线接在一起的连接点之间的绝缘电阻不应小于 2 MΩ。

　　［选自 GB 30422—2013《无极荧光灯　安全要求》］

出于安全的考虑，当仅提出性能要求不足以满足安全要求时，可提出对于产品材料和结构的要求，参见示例 3 - 38～示例 3 - 40。

【示例 3 - 38】

> **4　材料**
>
> **5　结构**
>
> **6　标志**
>
> **7　使用说明**
>
> **8　包装**
>
> 附录 A（资料性附录）手指或肌体可能陷入的间隙

【示例 3 - 39】

> **4.2　金属**
> 　　当高椅装配完毕使用时，所有外露的金属件，包括组件，如弹簧、螺母、螺栓和垫圈等，应采用耐腐蚀材料，如铝、不锈钢制成，或者采取足够的防腐措施。按 GB/T 22793.2—2008 的 5.2 进行试验，其锈蚀度不高于 Ril。

　　［选自 GB 22793.1—2008《家具　儿童高椅　第 1 部分：安全要求》］

【示例 3 - 40】

> **5.2.7** 在高椅上无论是否具有食物托盘，产品的设计都应避免儿童向前滑出座位。
>
> 通常通过配备一条宽度不大于 20 mm 的胯带满足本要求，胯带系在座位和托盘之间、或座位与水平栅条之间或搭口袋之间。
>
> 按 GB/T 22793.2—2008 的 5.5 进行试验，胯带应无破坏。

〔选自 GB 22793.1—2008《家具 儿童高椅 第 1 部分：安全要求》〕

3. 安全使用的信息

（1）信息的内容和形式

产品标准中宜规定安全使用产品和/或系统所需的全部信息，以指示或指导相关人员（例如产品的购买者、安装人员、操作者、终端用户和服务人员）正确使用产品和/或系统。

对产品和/或系统而言，标准宜清楚地指明这些安全信息需要在如下哪个位置展示：

——产品本体或产品包装上；

——在销售点；

——在使用说明书中给出（例如，安装、使用、维护和拆除的安全信息，宜包括培训或个人防护设备的必要信息）。

如果相关人员遵守工作规程能够大幅度降低风险，安全信息宜说明恰当的工作规程。如果产品和/或系统的安全很大程度上取决于恰当的工作规程，而这些规程又不是不言自明的，则至少宜规定需要查阅的说明书。

宜避免不必要的信息，因为这些信息会冲淡安全信息的价值，安全信息对产品使用是至关重要的。

（2）使用说明

标准宜在"使用说明"一章中提出要求——产品使用说明书应包括操作产品和/或系统的必要条件。对产品而言，视情况，使用说明应包括组装、使用、保洁、维护、拆除、销毁或处理的规定。使用说明的内容宜向产品用户提供避免伤害的方法，这些伤害是由未消除或减少的产品危险所导致的。并帮助产品用户使用产品时做出恰当的决定和操作，以避免产品使用不当。如果产品使用不当，使用说明还可指明补救措施，例如吞咽漂白剂后的补救。使用说明和产品危险的警示宜分开编写和表述，以避免混淆产品的使用方法，参见示例 3 - 41 和示例 3 - 42。

【示例 3 - 41】

> **4.5 使用说明书**
>
> **4.5.1 总则**
>
> 使用说明书应包括确保在设计寿命内挤奶机的功能、安全和卫生要求得到维护的系统措施。这些措施包括日常维修和零部件的更换要求。应说明使用者是否需要特殊操作或具有适当的资源。

......

4.5.3 使用说明书

应至少提供下列说明：

——启动、操作和关机程序；

——推荐的清洗和消毒程序，包括温度、化学制剂以及手工清洗所需组建；

——设备清洗和消毒时的最大温度；

——避免奶液受清洗液、受限奶、异常奶和非预期奶污染的程序；

......

［选自 GB/T 8186—2011《挤奶设备　结构与性能》，做了适当改动］

【示例 3 - 42】

5.5　自卸车使用说明书中，应给出自卸系统操纵机构和锁定装置的使用方法，并强调说明：

——自卸过程中，货箱倾斜方向上严禁站人；举升油缸顶起后，必须牢固支撑锁定装置，方可在下方作业；

——严禁在坡度超过 5% 以上的横坡上举升货箱，防止翻车或滑移造成事故；

——举升作业时，发动机转速应保持均匀稳定，不得猛轰油门；

——在运输状态下，各锁定装置应可靠锁定。

［选自 GB 24938—2010《低速货车自卸系统　安全技术要求》］

（3）警示

标准规定的警示内容宜：

——醒目、清晰、耐久和易于理解；

——使用产品和/或系统预期销往国家/地区的官方语言，除非使用另一种语言才能更准确的描述某一特定技术领域；

——简洁和无歧义。

警示包括一般或特定的警示说明。

产品的安全标志和标签宜符合相关标准（如 GB/T 2893《图形符号　安全色和安全标志》、GB/T 31523《安全信息识别系统》、GB/T 16273《设备用图形符号》、ISO 7010《图形符号—安全色和安全标志—注册的安全标志》、GB/T 5465《电气设备用图形符号》和 IEC 82079 - 1《使用说明书的编制　结构、内容和表述　第 1 部分：一般原则和详细要求》），宜使所有预期的终端客户易于理解。

警示的内容宜描述产品的危险，以及如果不遵守这些警示将导致的伤害和后果。有效的警示通过使用警示词（"危险""警告"或"注意"）、安全警示标志和适合表示产品危险的有色字体来引起注意。在适当情况下，标准宜包含警示的位置和耐久性要求，如在产品上，在产品手册或在安全数据表中，参见示例 3 - 43 和示例 3 - 44。

【示例 3 - 43】

> **10.3　事故预防标志**
>
> **10.3.1**　单梯的最高站立平面处应有永久性危险警示标志或等效图形标志，如："危险：不要站在此踏棍上及以上位置"，标志应位于右梯框的内侧，当第二高踏棍距顶端为 600 mm 或以上时，靠近并用箭头指向第二高踏棍，当第二高踏棍距顶端不足 600 mm 时，靠近并用箭头指向第三高踏棍。

［选自 GB 7059—2007《便携式木梯安全要求》］

【示例 3 - 44】

> **5　使用信息**
>
> **5.1**　自卸系统操纵件、指示器及信号装置的图形标志应符合 GB/T 19122 的规定。
>
> **5.2**　自卸车箱两侧应有针对自卸系统遗留风险的安全标志，安全标志的型式、构成、颜色和尺寸应符合 GB 24943 的规定。
>
> **5.3**　自卸系统操纵机构附件易见位置应设置操作标识，标识应提供操纵机构的明确信息，并与背景有明显的色差。

［选自 GB 24938—2010《低速货车自卸系统　安全技术要求》］

4. 包装中的安全

产品包装涉及安全时，标准应规定产品的包装要求以：

——保证包装件和包装本身的适当搬运，运输和储存；

——保持产品的完整性；

——消除或减少危险，例如产品损伤，受污染或污染环境。

对包装中有关安全要求的规定参见示例 3 - 45。

【示例 3 - 45】

> **6　包装、标识、运输和贮存**
>
> **6.1　包装**
>
> 铀矿石浓缩物应采用容积为 210 L 并配有锅盖的圆柱形标准钢桶装运，桶盖要有防水密封环及锁合密封装置，该桶的结构设计应能保证在桶盖打开时，桶的顶端应为完全开启状态。

［选自 GB/T 10268—2008《铀矿石浓缩物》］

第四节　产品标准中的环境要求

随着人们对生活质量和生活环境要求的不断提高，更加重视产品对环境的影响。

产品的设计、制造、使用和最终的处置都可以影响产品的整体环境绩效。在评估产品对环境、气候变化和自然资源影响的工具和方法中，生命周期评定（LCA）是一种全面的分析方法。该方法将产品在设计、制造、使用和报废等所有阶段对环境的潜在影响都予以考虑。开展此类分析工作的关键，是要意识到生命周期方法是评估产品对环境影响的最佳途径，因而也是帮助社会在选材及其维持可持续发展方面的最佳方法。单纯地关注产品生命周期中某一阶段（如材料生产）的环境影响会歪曲事实，因为这可能会忽略生命周期中另一个阶段（如使用阶段）所产生的环境影响。GB/T 20002.3《标准中特定内容的起草　第3部分：产品标准中涉及环境的内容》提供了处理产品标准中确定环境内容的指南，一是促使产品标准的起草者在支持国际贸易持续发展的同时重视环境问题；二是帮助产品标准的起草者弄清并了解相关的产品环境因素和影响，并判定环境问题能否借助于产品标准解决。

一、处理产品涉及环境问题的原则与路径

产品标准是解决产品环境问题的重要途径之一，通过产品标准的应用将涉及的环境问题的解决融入到产品的生产、销售、使用等各个环节。标准编写者首先需要明确产品标准条款与产品环境因素和影响之间的关系，通过采取科学合理的方法论起草或修订产品标准条款，以便在产品的整个生命周期不同阶段减少对环境的不利影响。将环境问题纳入产品标准范围是复杂的过程，在依据如下原则和途径基础上，标准编写者可起草更进一步的专业指南处理产品标准中涉及的环境问题。产品标准编制过程中，宜尽早考虑是否包含环境条款。

（一）处理产品涉及环境问题的原则

起草产品标准或修订现行产品标准时，标准编写人员宜应用 GB/T 20002.3《标准中特定内容的起草　第3部分：产品标准中涉及环境的内容》。此外，在标准制定程序的任何阶段，专家们都宜考虑环境问题。起草产品标准时，由于要考虑产品的多样性及产品特定的环境影响，并且需要相关的环境知识，所以环境专家参与标准起草工作十分有益。标准编写人员可参考其他现行特定指南和标准的环境条款。

1. 生命周期理念

标准起草者宜考虑产品生命周期所有阶段的相关环境因素和影响（见图3-4）。图3-4展示了产品生命周期的四个主要阶段（并不排除还有其他阶段）：

——采购；

——生产；

——使用；

——寿命终止。

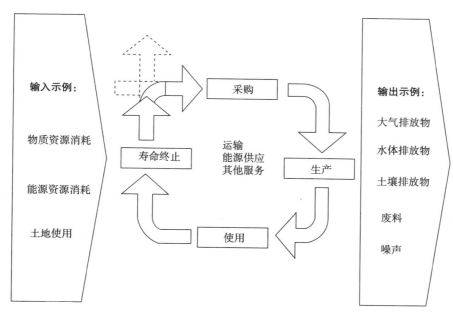

图 3 - 4　生命周期理念

诸如运输、能源供应和其他服务等过程，因不属于产品生命周期的任何具体阶段并通常出现在两个阶段之间，而设置于图 3 - 4 的中心部位。输入和输出可能与上述所有阶段和过程都有联系。

"生命周期理念"是一种整体理念，强调全面考虑产品在其生命周期所有阶段的所有环境因素，而不是专注其中某个阶段环境因素的改善，以避免单一阶段的改善给其他阶段带来不利的环境影响。标准起草者宜确保对单个阶段环境影响的考虑不致产生不利的影响，主要是确保不增加与产品相关的环境影响总负荷；确保不影响本地、区域或全球环境的其他因素。例如，在生产阶段，用热水和鼓风过程替代加溶剂的冷水清洗过程会导致能耗的增加。这个理念在编制特定范围和仅适用于某些阶段的产品标准时尤为关键。

运用生命周期理念能明确产品生命周期的重要阶段和环境因素。这些重要阶段和因素很大程度上取决于产品的性质，例如家电产品主要在运行中的电能消耗能源问题和废旧处置的环境污染问题，需根据家电产品在使用和处置，同时可追溯到设计阶段，限制和改善其对环境的影响，相应地在产品标准中的环境条款中对这些环境因素做出规定。

2. 自然资源的有效利用

标准起草者在起草产品标准条款的同时，宜考虑产品对于减少自然资源的消耗提出要求，尤其需要考虑自然资源稀缺的问题。本原则强调在产品生命周期的各个阶段都需要提高资源使用的有效性和节俭性。例如，原材料的选择和使用，水源、能源和土地的使用以及通过废料回收而来的其他材料和能源的使用。

除考虑与资源获取及使用相关的环境影响外，还要考虑不可再生资源的消耗问题，尤其需要考虑矿藏和化石燃料的消耗无法维持的问题。同时，还要考虑消耗率高于再生率的可再生资源的消耗。此外，还要考虑到人类活动能影响生物多样性以及生物种群的繁衍，甚至可能导致物种的严重衰退和最终的灭绝。例如，酸雨使土壤和河流酸化，并且经过河流汇入湖泊，导致湖泊酸化。湖泊酸化以后不仅使生长在湖中和湖边的植物死亡，而且威胁着湖内鱼、虾和贝类的生存，从而破坏湖泊中的食物链，最终可以使湖泊变成"死湖"。酸雨还直接危害陆生植物的叶和芽，使农作物和树木死亡。酸雨造成的危害日益严重，已经成为全球性环境污染的重要问题之一。二氧化硫是形成酸雨的主要污染物之一。随着经济的发展，人类将燃烧更多的煤、石油和天然气，产生更多的二氧化硫等污染物，因此编制产品标准要考虑到减少对于不可再生资源的消耗连带对环境的破坏而导致物种灭绝的问题。

标准起草者宜从环境效益的角度给出优选的可再生资源和产品寿命终止处理的优选方案。能源利用方面有诸多需要考虑的方面，尤其需要考虑所选能源的转换效率和能源的有效利用问题。

3. 污染预防

标准起草者宜考虑产品生命周期所有阶段的污染预防问题。产品标准条款要有助于预防污染。预防污染形式多样，而且能在产品生命周期的各个阶段具体化。例如，可能又可行的情况下，可采取如下方式，以危害性更小的物质或材料代替产品标准所规定的危险、有毒或其他有害的物质或材料。

本原则推行源头预防法，即在源头就优先考虑污染预防，通过做好源头预防（包括环境方面的设计、开发，材料替代，产品、过程或技术的改进，材料和能源的有效利用和转换），在源头减小或杜绝污染，达到无污物和无排放物产生的目标。例如，传统电池含汞，汞对土壤和水源都会造成污染。新型电池从设计上就不添加汞了，这就从源头避免了汞对环境的污染。

此外，生产企业还宜考虑下述污染预防方案：

——内部重复使用或循环使用（重复使用或循环使用过程或设施内的材料，例如循环水的利用）；

——外部重复使用或循环使用（厂区外重复使用或循环使用材料）；

——回收和处理（工厂内外废物源的能源回收、排放处理以及工厂内外废物释放，以便减少其环境影响）。

惠普公司实施的"环球伙伴计划"，使回收的惠普打印墨盒不会被送去掩埋。惠普保证回收利用的 HP 打印墨盒加工工艺先进、并经过多道回收程序。硒鼓/墨盒经分类、分割为原材料后用于生产新的金属及塑料产品。HP 打印墨盒/硒鼓经回收利用后再生产的塑料及金属被用于制造各种新的日常产品，包括汽车零件、衣架、栅栏、微型芯片加工盘、托盘、鞋底及卷轴。

4. 环境风险最小化

标准起草者宜从事件和事故发生的概率和产生的后果来考虑减小环境风险的需求。在产品生产、使用和处置过程中，将环境影响（包括人体健康）降至最小。风险的大小根据事件（或事故）发生的概率和产生后果的组合来测量。

环境风险的预防和最小化与计划或期望的潜在的改变相关，与为了改善决策和输出对这些风险的管理相关。组织用来预防和降低环境风险的原则和技术能提供有效措施预防和降低产品标准应用造成的风险。编制产品标准的过程中，预防并降低环境风险宜与处理其他环境因素保持一致。这包括，诸如：

——减少与非职业事件和事故相关的人体健康风险；

——无论是作为产品部件还是在生产中充当促进剂或催化剂，都要减少或避免使用有害物质；

——与过程相关的、不可避免的风险识别和适当管理；

——使用或拆卸期间可控或不可控有害物的潜在排放或释放。

（二）处理产品涉及环境问题的路径

解决环境问题的路径包括产品设计、产品使用、产品环境信息的提供。标准起草者宜尽可能考虑产品设计的环境因素，因为在产品生命周期的所有阶段，产品设计是避免潜在环境影响最为有力的工具。有一些考虑资源保护和污染预防因素的产品设计方法。这些方法广泛应用于各类产品的设计阶段。编制产品标准时，标准起草者宜考虑这些方法，例如环境设计（DFE）。将环境因素整合至产品设计和开发阶段可称作环境意识设计（ECD）或生态设计，是产品监管的环境要求部分。

产品设计考虑的因素包括：

——材料选择；

——材料和能源的有效利用；

——材料的循环、回收和重复利用；

——生产；

——产品使用和维护；

——寿命终止处理。

GB/T 24062—2009 提供了将环境因素整合到产品设计流程的相关信息。

标准起草者宜考虑产品的维护要求、使用要求、非预期使用要求和这些要求对环境的影响。设备"使用阶段"的耗水和耗能对该产品整个生命周期的环境影响重大。对于许多耗水和耗能的设备，宜优先考虑其使用阶段的环境影响。为水和能源的有效使用编制条款并将其作为产品标准的一部分，能减少产品的环境影响，但改进往往带来其他问题。

标准起草者宜确保标准内相关环境信息的交流。与个人或职业消费者就产品的预期使用进行交流时，涉及环境因素方面的信息越来越多。GB/T 24040—2008、GB/T 24021—2001、GB/T 24024—2001 和 GB/T 24025—2009 提供了环境标志方面的原则和要求，例如产品环境声明。为了恰当使用产品，人们还期望就产品维护、修理和寿命终止处理的建议进行探讨。

二、产品标准中环境因素的分析与识别方法

产品生命周期理论是产品环境因素分析的有力工具。这一工具使得产品环境因素的分析更加全面，不至于遗漏主要的环境影响。在实践中已经形成的一些环境因素分析工具（例如生命周期评定 LCA 方法）以及确定产品标准中环境内容的检查表，都能够有效地帮助标准起草者科学合理地确定内容。

（一）产品标准中环境因素的分析

1. 考虑环境因素的角度

为了明确产品标准起草者宜通过何种方式识别产品环境因素，有必要了解产品在其生命周期期间是如何影响环境的。例如与产品相关的大气排放物、水体和土壤排放物、原料的使用、能源和水的消耗、土地使用等。

产品的环境因素都有各自的产品环境影响。环境因素通过因果关系与环境影响相互联系。环境受产品标准条款正面和负面影响，例如气候变化（通过温室气体排放）、大气污染（微粒和有毒气体向大气的控制性排放和/或未处理排放或事故性排放）、不可再生资源的消耗（化石燃料和矿物的消耗）。

起草产品标准时，为了充分考虑环境问题，标准起草者宜编制有关产品环境因素的预案。产品的环境影响与输入（能源、水源、土地等）的消耗、产品的使用过程以及产品生命周期所有阶段产生的排放物息息相关。运用处理环境问题的基本原则和途径能降低产品环境因素对环境的负面影响。

2. 产品生命周期期间与输入相关的环境因素

产品生命周期期间的输入包括资源的消耗，这些资源可能为天然材料（例如矿物、水、天然气、油、煤和木材）、可能为从工业环境产生的材料（例如回收的材料、共生产品、中间产品和能源）或利用土地产生的材料。从实际角度考虑，这些资源可大致归类为"材料""水""能源"和"土地使用"。

材料输入在从资源开采到最终处置的产品生命周期所有阶段都起着至关重要的作用。材料输入可产生各种各样的环境影响。这些影响包括资源的消耗、土地的不

当使用以及有害材料暴露在环境中或人为接触到有害物质。材料输入还可产生废物、大气排放物以及排放至土壤和水源的物质。

世界许多地区都普遍存在着缺水的情况，尤其是地表或地下淡水资源的缺乏。此时需要考虑产品生命周期不同阶段对水的有效使用。另外，把水运送到需要的地区还要消耗能源。保护自然栖息地和生物多样性对于海洋、湖泊和河流极为重要。水污染、河道裁弯取直和沿岸地区的变化都能破坏自然界的水生动植物群。例如，硝酸盐和磷污染都能造成水体的富营养化作用，这可能危及受影响区域的生物体。

在产品生命周期的大多数阶段都需要能源输入。能源主要包括化石燃料、核燃料、回收热能、水电、地热、生物质能、太阳能和风能。各种能源都有自身的环境影响。

土地使用能导致生物多样性的减少并且影响土壤质量，土壤复原需要很长时间。即使人们努力在破坏的土壤区域重新种植，但恢复生态系统的自然平衡需要较长时间，也可能永远恢复不到先前的正常水平。

3. 产品生命周期期间与输出相关的环境因素

产品生命周期期间的输出通常包括大气排放物、水体排放物和土壤排放物、废料、中间产品和共生产品和其他排放物。

大气排放物包括释放到大气的气体、水蒸气或颗粒物质。排放物（例如灰尘、有毒物质、腐蚀性物质、易燃物质、易爆物质、酸性物质或含异味物质）能给动植物群以及人类带来负面影响。温室气体引起气候变化。导致气候变化的温室气体主要包括二氧化碳、甲烷、一氧化氮、六氟化物、氟烷和全氟化碳。此外，酸雨可能给建筑物和具有文物价值的场所带来危害。这些排放物还能带来其他的环境影响，例如造成气候变化和平流层臭氧消耗或形成光化毒物。大气排放物包括受控源和失控源的排放、处理和未处理排放、正常操作排放和事故排放（失控排放可能来自事故造成的泄漏和蒸发）。

水体排放物包括向排水沟、下水道或河道排放的物质。营养物、有毒物质、腐蚀性物质、放射性物质、不易分解的物质、聚集物或耗氧物质的排放都能给环境带来负面影响，其中包括对水生生态系统的诸多污染和水质恶化。水体排放物包括受控源和失控源排放、处理的和未经处理的排放、正常操作排放和事故排放。

所有对土壤的排放和处置以及土壤应用都宜考虑其带来的潜在环境影响。不但需要考虑有害材料，还需考虑无害材料对环境的潜在影响，不过这取决于无害材料的浓度和使用方式。需要考虑排放物对土壤和地下水质的潜在影响。土壤排放物包括受控源和失控源的排放、处理的和未处理的排放、正常操作排放和事故排放。

废料和废品大致能划分为下述类别：

——作为最终处置的材料，例如无能源回收或土地填埋价值的焚化；

——使用后收集的且适合回收（包括再循环）的材料；

——某生产流程产生的并且在收集前不作进一步处理和使用的材料。

宜考虑其他输出，例如从废料（高热值废料）回收的能源、循环材料、副产品和循环水。其他排放物还包括噪声和震动、辐射和热量。

（二）产品涉及环境因素的识别方法

1. 识别环境因素的信息源

产品标准起草者宜基于生命周期理念编制一项程序来系统评定与产品有关的环境因素。环境检查表是完成此项任务的有效工具，该检查表基于有用的环境信息、产品和环境专业知识以及生命周期理念方法而设计。完整的检查表用来确认产品生命周期各个阶段及其相关环境因素，产品标准宜包含生命周期阶段相关环境因素的条款。检查表还可用来检查某项已出版的标准是否需要修订，尤其是那些由于环境原因而需要修订的标准。

识别与产品生命周期相关的环境因素和环境影响以及产品标准如何对它们产生影响较为复杂，需要时可向环境专家进行咨询。宜尽可能使用现有环境信息来识别和评价产品的环境因素和环境影响。有用信息源包括下列内容（以优先顺序排列）：

a）相关专业指南。

b）生命周期评定（LCA）研究，宜应用符合 GB/T 24040—2008 和 GB/T 24044—2008 要求的 LCA 方法进行生命周期评定研究；LCA 是评定与产品有关的环境因素和潜在环境影响的技术，并且通过以下方式进行评定：

1）编制系统的相关输入和输出目录；

2）评价与这些输入和输出有关的潜在环境因素；

3）正确解释与研究目的有关的目录和影响评定阶段的结果。

c）产品相关的环境影响或风险研究、技术数据报告、出版的环境分析结果或研究成果、或有毒物质清单；相关监测数据。

d）产品规范、产品开发数据、材料和/或化学安全数据表、或能源和材料平衡数据；环保产品声明。

e）环境要求和其他相关法律要求。

f）特定环境规程、国家政策和国际政策、指南和工作程序。

g）紧急情况报告和事故报告。

2. 环境因素检查表

制定标准的所有阶段，宜完成并更新适用的环境检查表（表 3-1），同时将其附在标准草案中。表 3-1 提供的内容尤其适用于产品标准。在某些情况下，例如服务领域，其他工具或其他形式的检查表可能更适合某地区或部门的特定问题。例如，生命周期阶段可修改为提供更好服务的典型阶段。在其他情况下，如果用涉及整个生命周期阶段的系列标准描述一项产品，那么完成系列标准的环境检查表比完成单项标准的检查表更合适。

表 3 - 1　环境检查表

文件编号（如有）：			标准名称：			技术委员会 / 分技术委员会 / 工作组编号：		
工作项目编号（如有）：			环境检查表版本：			环境检查表的修订日期：		

环境问题	生命周期阶段										所有阶段
	采购		生产		使用			寿命终止			
	原材料和能源	预加工材料和部件	制造	包装	使用	维护和修理	辅助产品使用	再使用/材料和能源回收	无能源回收价值的焚烧	最终处置	运输
输入											
材料											
水											
能源											
土地											
输出											
大气排放物											
水体排放物											
土壤排放物											
废料											
噪声、震动、辐射和热量											
其他相关方面											
事故或非预期使用导致的环境风险											
消费者信息											

备注：

　　注 1：包装阶段指的是加工产品的初次包装操作。为运输而进行的二次或三次包装会发生在生命周期的某些阶段或所有阶段，该二次或三次包装指的是运输阶段包装。

　　注 2：运输可视为所有阶段的一部分（详见检查表）或作为单独的分阶段。为了适应与产品运输和包装相关的特定问题，可添加新的内容和/或增加备注。

环境检查表的目的在于解释项目建议是否包含相关产品环境因素，如果包含，则标准草案是如何处理这些相关环境因素的。标准出版时不必附有环境检查表。

下列信息宜标注在检查表上：

——文件编号（如有）；

——标准名称；

——技术委员会和/或分技术委员会和/或工作组的编号；

——工作项目编号（如有）；

——环境检查表版本；

——环境检查表的修订日期。

鼓励技术委员会成员参与完成环境检查表，并考虑所收集的数据，并按以下方式完成环境检查表：

a）确认与产品相关的各环境因素。

b）如果包含重要的产品环境因素，则在框内标记"是"；如果不包含重要的产品环境因素或者内容不相关，则在框内标记"否"。

c）对于标注"是"的各项，确认此产品环境因素能否在标准中阐述，并在这些框内标记三个星号（＊＊＊）。

d）在相应的框内填写产品环境因素的标准章条号。

e）在备注框内填写附加信息。可给出各产品环境因素（标记"是"的方框）和如何处理这些环境因素（或为什么没有处理该环境因素）的简短描述。此外，还可给出标准草案中与环境相关的备注以及技术委员会对这些备注所作的回复。

f）在产品的整个生命周期阶段评定不同环境因素需要注意的是，环境压力不宜从一个生命周期阶段转移至另一个阶段，也不宜从一种介质转移至另一种介质。

三、涉及保护环境的产品标准条款的确立原则

标准起草者宜根据有关的环境影响的性质和标准范围来决定这些条款是否需要纳入标准。如果需要纳入标准，则需决定该条款是要求型条款、推荐型条款还是陈述型条款。

1. 涉及设计和采购阶段的条款

使用回收材料生产塑料管材通常是受限制的。在特定条件下允许使用回收材料，但它们需要满足非常明确的要求。为了提高设备中回收资源的利用率，关键是在产品设计或投产初期恰当考虑回收资源的使用。引入一个公认的产品中回收资源利用率的评估方法，既可反映该行业寿命终止链的实际情况，也可为设计者在设计或投产初期提供较好的评估方法。

有关原材料选择和采购环境条款的建议事项，宜包括能源、预加工材料和组件方面，同时需要考虑限制条件和可能的决策冲突。宜考虑如下环境条款确定原则：

——尽可能使用最少量的材料，如果需要使用大量 A 材料且资源充足或使用较少量的 B 材料且资源十分有限，宜做适当选择。

——使用易于回收或再循环的材料，包装宜使用可焚烧或填埋的轻质材料或使用牢固、较重且可循环使用的容器包装，宜做适当选择，例如硬纸板箱或钢罐。

——使用再循环或再生的材料，材料寿命终止的回收率要大于回收产品在产品生产中的使用率，如缺乏回收材料材质的相关知识，可限制这些材料的使用，例如化学成分（有害物质、污染物）。

——使用可再生资源并且将不可再生原料的使用降至最低，此准则只在可对可再生资源进行可持续管理并且其再生速度快于消耗速度时有效。

——检查产品的可重复使用价值，如果再生的产品比新产品消耗更多的能源，宜做适当选择。

——限制使用因功能需要而无法避免的有害物质尤其是有毒物质、剧毒物质、致癌物质和基因突变物质，如果少量有害物质溶解于再循环材料，宜做出选择。在这种情况下，需要考虑溶解的有害材料的生物利用率。

——选用耐久性和使用期限最优的原料。

——使用标准化的元件、零件和组件以便维护、再使用和再循环。

——材料品种的最小化。

——再生组件的利用，如果可重复使用的组件比新组件使用更多能源或造成更多的环境影响，宜做适当选择。

——原料采购期间宜最小化能源消耗和温室气体排放，例如，在公路和铁路用车的材料是钢或铝的选用上可产生分歧，使用阶段的能源消耗可能是一项重要的环境因素。

——规定性能准则如环保性能，而不是规定所使用材料或物质的性能，这通常要求制造商制定综合规范并对产品进行进一步测试，技术性能准则和环保性能准则可能相互矛盾。

例如，对伴热器功率密度的设计选择取低值，以减少能耗，参见示例 3－46。

【示例 3－46】

---

6 系统设计

......

6.6 伴热器的选择

对于一个特定的伴热器来说，最高允许功率密度应由制造商按 GB 19518.1—2004 第 5 章中的实验得出的数据而定。选用值应既不超过最高承受温度，也不超过要求的温度组别。每一个伴热器的最高允许功率密度限定值可以根据制造商的数据，也可以根据工艺要求来定，取两者之中较低者。然而，功率密度可根据需要多根伴热带进一步加以限制。

［选自 GB/T 19518.2—2004《爆炸性气体环境用电气设备 电阻式伴热器 第 2 部分：设计、安装和维护指南》］

2. 涉及生产阶段的条款

许多产品标准要求产品上市前接受某种型式的试验。有些试验，尤其是破坏性试验对环境影响较大，例如排放有害物质。然而，制定标准有助于减少此类影响。许多产品标准要求产品使用特定类型的包装方法（初次包装）。然而，标准还宜陈述产品初次包装的环境因素，例如包装材料的处置。

有关生产和包装的环境条款的建议事项，宜考虑如下环境条款确定原则：

——生产期间宜最小化能源消耗和温室气体排放，低能耗流程生产低性能产品和耗能较多的流程生产在使用中具有优良环保性能的产品，宜做适当选择；

——选择生产或制造设备，宜优先考虑将环境影响降至最低的设备，例如能量泵或废热回收装置，在某些情况下，即使一些新设备对环境的影响较少，但仍无法轻易取代现有设备，这是因为现有设备使用寿命较长；

——选用生产阶段造成最少污染的辅助材料，这样可能阻止人们将废料用作辅助材料，例如钢铁或水泥生产行业；

——适用时，选用造成最少污染的表面处理的材料，例如优先考虑水基涂层而不是溶剂涂层，如果水基涂层性能劣于溶剂涂层性能，那么宜做适当选择，水基涂层可能需要使用更多能源；

——引用和使用可将环境影响降至最低的产品试验方法；

——采用适当类型的包装将损坏和损失降至最低，此包装可需要更多原材料、能源或是难于再循环的材料；

——包装材料的再使用或再循环，如果为了包装材料的再使用或循环使用而收集和回收使用的包装材料需付出很多努力，或者为了材料的循环使用需耗费大量能源或化石燃料，宜做适当选择。

例如，对于产品表面处理工艺的规定，在金属表面做防锈或去锈的处理，便于设备的维护，减少设备维护造成的资源的浪费，参见示例 3-47。

【示例 3-47】

> **5.3　表面处理**
>
> **5.3.1**　碳钢合金钢管件的内外表面应进行除锈处理，并涂防锈油漆。对于铸造管件必要时应进行喷丸处理。
>
> **5.3.2**　奥式体不锈钢管件应进行酸洗钝化处理。

［选自 GB/T 17185—2012《钢制法兰管件》］

3. 涉及使用阶段的条款

产品使用是产品生命周期中最耗能的一个阶段。尽管标准起草者无法控制产品的使用，但是环境条款在产品的使用阶段能给环境带来极大影响。这些条款包括：

——正常使用期间将产品带来的负面环境影响降至最低的条款；

——维护和修理期间延长产品的使用期限并将负面环境影响降至最低的条款；

——与辅助产品使用相关的条款。

有关产品使用的环境条款的建议事项，宜考虑如下环境条款确定原则：

——撤销辅助功能、断开电源（开关）或减少辅助功能电源消耗，根据功能和突发事件做出适当选择。

——在产品上粘贴信息标志以告知使用产品的最佳能效方式，在不超过标志能承载信息量的情况下选择公开的信息。

——产品使用期间将能量的总体使用和温室气体排放降至最低。

——将产品的启动时间降至最短，根据功能做适当选择，例如预热功能。

——改善保温措施以减少热损耗，隔热材料的生产对环境有影响，其用量需要进行优化。

——使用轻型部件，例如车辆和运动机械零部件，对轻金属生产的能耗问题与塑料和复合材料的再循环问题做出选择。

——使用期间将用水量降至最低，这可通过减少用水总量或使用循环水来实现；用户手册内宜注明标准耗水级别，如果只有额外使用化学品或消耗能源才能实现节水，那么就这一点可能存在决策冲突。

——将产品使用期间产生的废料量降至最低。

——确保不释放有害物质，这要考虑到所有的可能释放情况（大气和室内空气排放物以及土壤和水体排放物），在不妨碍功能的条件下将有害材料的使用降至最低，并且为产品的使用和处置制定合适的指南。

——产品使用期间，将产品噪声级别降至最低；产品的用户手册上宜标注标准噪声级别，对于绝缘层的厚度以及绝缘材料的环境影响宜做出决策。

——给出产品的使用说明，例如产品用户手册宜提供建议方法，告知人们如何将非预期使用和负面环境影响风险降至最低。

例如，提供给消费者产品对于空气释放有害气体的限制信息，让消费者知晓此类产品使用时对环境可能产生的影响，在标准中对于产品标志和包装提出相关要求，参见示例 3-48。

【示例 3-48】

8　标志、包装、运输和贮存

8.1　标志

产品应加盖表明产品类型符号（见表 1）、幅面尺寸、生产日期和甲醛释放限量等标志，需方自用的产品，或厚度小于等于 6 cm 的产品且供需合同规定不需加盖产品标志的，可不加盖产品标志。

> **8.2　包装**
>
> 　　应按不同类型、规格分别妥善包装。每个包装应附有注明产品名称、类型、等级、生产厂名、商标、幅面尺寸、数量、产品标准号、生产许可证编号、QS标志和甲醛释放限量等标志的检验标签。

　　[选自 GB/T 11718—2009《中密度纤维板》]

4. 涉及耐用性、维护和修理的条款

　　一般而言，定期进行产品维护能延长产品的使用寿命。尤其是那些无法及时更新的产品，而延长产品的使用寿命与减少产品环境影响关系密切。因此易于修理和维护能减少产品环境影响。此外，维护和修理的流程或用品对环境具有较大影响。标准可通过编制条款来处理生命周期中这一特定阶段的有关问题。

　　有关产品耐用性、维护和修理的环境条款的建议事项，宜考虑如下环境条款确定原则：

　　——改善产品的预期寿命，有时只能通过使用有害材料进行表面处理才能实现，例如铬；

　　——改善抗腐蚀性，需要额外的表面处理；

　　——产品的设计方式宜为易于清洗和/或不易染尘，需要额外的表面处理；

　　——使用易于更换的零部件；

　　——清洁、修理和维护操作期间将污染降至最低，选择适用于清洁、修理和维护期间需要辅助产品的操作；

　　——采用易于连接及断开的连接技术，例如方便修理，适用于通过修理操作可大幅提高寿命的产品；

　　——确保部件易于修理和更换，需要增加产品的数量，意味着在原材料采购和生产阶段造成更大的环境影响；

　　——确保可使用的标准工具进行维护；

　　——确保备用件的可获得性，适用于部件寿命较短或频繁损坏的组装产品；

　　——提供可能的产品升级或改良；

　　——包括维护和服务期间的修理和维护操作指南，适用于那些可通过修理操作而大幅延长使用寿命的产品；

　　——最大限度降低维护和表面处理需要。

　　对设备维护的规定参见示例 3－49。

【示例 3－49】

> **9.3　其他**
>
> **9.3.1　清洁度**
>
> 　　活塞销应保持清洁。销孔中不应有制造残渣、污物、碎屑等。如需对外来颗粒物大小和/或数量规定限值和测试方法，应由制造厂和客户共同商定。

9.3.2　防锈

活塞销应经防锈处理，以确保在正常干燥条件下至少储存一年不致生锈。制造厂和客户应根据储存期限、储存条件、装配要求以及各种相关法规商定防腐剂的类型和规格。

［选自 GB/T 25361.1—2010《内燃机　活塞销　第1部分：技术要求》，做了适当改动］

5. 涉及运输阶段的条款

产品标准几乎很难列举与物流供应链组织相关的条款，而产品设计在生命周期的任何一个阶段的运输过程都可能对环境造成至关重要的影响。产品设计有助于节省原材料和减少能耗，通过确保产品的高效配送和考虑从生产商到分销商、零售商、用户以及寿命终止操作场地等不同生产场地间的运输距离的方式来达到节省原材料和节约能耗的目的。

有关产品运输的环境条款的建议事项，宜考虑如下环境条款确定原则：

——设计产品使其在运输过程中节约能源；

——例如因维护和修理、辅助产品的采购或寿命终止处置、处置和重复使用、再循环、回收方法而减少运输需求；

——选用适宜的运输方式（公路、铁路、海运或空运）；

——采用适宜的运输包装方式，最大限度降低损耗和损坏；

——使用最为高效的包装方法（重量、体积、装载量和/或运输工具、可重复使用性、可回收性）；

——节省与运输相关的原材料、预加工材料和组件；

——确保在产品、包装和运输设备上张贴适宜标志。

对运输的规定参见示例3-50。

【示例3-50】

7.3　运输和贮存

7.3.1　不同类别的镍废料在运输过程中不应混装。

7.3.2　镍废料在运输、装卸、堆放过程中，应严禁混入爆炸物、易燃物、垃圾、腐蚀物和有毒、放射性物品，也不得用被以上物品污染的装卸工具装运，应有必要的防雨、防雪、防水设施。

［选自 GB/T 21179—2007《镍及镍合金废料》］

6. 涉及处置阶段的条款

当产品寿命终止时，经过分解或进一步处理后产品可能是再生的和/或可回收的或是被处置（不论何时根据需要进行处理后）。生命周期此阶段的最佳环境选择取决于诸多因素，其中包括本地有效的废物管理基础设施、废物流的性质和/或价值以及生物降解性，最后一条但同样重要的是初期选用的产品设计方案。从整个生命周期角度来看，关注生命终止阶段，不宜危害产品的环境优化方案。

有关产品处置的环境条款的建议事项，宜考虑如下环境条款确定原则：

——为便于分类，对于不同组件做不同的标记，建议仅用于那些经常需要拆卸的大型组件；

——产品内放置的不可再循环及不可重复使用的材料，宜以易于移除的方式放置，如果产品不预先进行某项拆卸操作，那么不必对其进行粉碎和分类操作；

——避免使用不可分离的复合材料，复合材料有助于整个生命周期期间的环境优化，例如减轻重量；

——最大限度减少拆卸的时间和路径，仅适用于经常需要拆卸的产品；

——确保高收集率，仅适用于大批量生产制造的产品（例如罐体、蓄电池等）；

——最大限度减少所用材料的种类，考虑分离技术（磁力分选和电磁分选等）；

——避免使用给产品重复使用或再循环使用带来阻碍的部件、组件、附加材料和表面处理工艺，此类部件可能对产品的环保绩效具有很大影响；

——使用标准化的且易于重复使用的元件及零部件，主要适用于作为备件且频繁使用的部件；

——确保有害物质或有价值物质或材料的简易拆卸或分类；

——在不影响功能的情况下，避免使用持久有害的物质；

——宜向终端用户提供适宜的寿命终止操作的指导说明和/或张贴标志，告知他们如何区分有害废物和无害废物；

——重复使用或循环使用包装材料。

对液体处置的规定参见示例 3-51。

【示例 3-51】

4　性能

　　……

4.2　有关健康、安全和环境（HSE）方面的性能

　　……

4.2.2　处理

　　推荐的处理方法是由一有资格的承包商进行回收。废液可作焚烧处理。洒落的液体应当采用吸收介质清理。进入环境的少量液体并无特别的危害。

　　注：在这方面地方性法规有相关规定。

　　［选自 GB/T 21218—2007《电气用未使用过的硅绝缘液体》］

第四章 产品标准的其他技术要素的编写

产品标准的核心技术要素编写完成之后，就要着手编写核心技术要素之外的其他技术要素。产品标准的其他技术要素通常包括：试验方法，检验规则，分类、编码和标记，标志、标签和随行文件，包装、运输和贮存。其中试验方法通常由指示型条款构成，检验规则，标志、标签和随行文件，包装、运输和贮存通常含有要求型条款，分类、标记和编码通常由陈述型条款构成。

第一节 试验方法

要素"试验方法"在产品标准中为可选要素，一般给出证实"技术要求"中的要求（包括由性能特性表述的要求和由描述特性表述的要求）是否得到满足的方法。在产品标准中描述试验方法，目的是给出供生产者、供应商、订货方等各方共同使用的方法，以便各方能够进行沟通和交流。而这些方法只有应要求或被引用时才予以实施。

试验方法往往会涉及取样。如果产品标准中不包含要素"试验方法"或试验方法相关内容，则一定不包含取样，也不会涉及取样的内容，例如，技术要求类产品标准、通用要求类产品标准。如果一项产品标准包含要素"试验方法"或试验方法相关内容，且试验的开展有赖于样品[①]的条件调节（例如，样品需在特定条件下保存或运转一段时间方可开展试验）、采集方法，或者该项产品标准的标准化对象是易挥发、易变质的产品，在试验前需要特别的保存方法和条件，则该项产品标准中还需要给出取样的内容。本节将重点论述产品标准中涉及取样和试验方法时的编写方法。

一、取样的编写

产品标准在编写试验方法时通常不涉及取样。如果针对技术要求的试验方法需要对样品的条件调节（如老化条件、时效条件、磨合条件、干燥条件、筛选条件、过筛条件等）、采集方法、保存方法等进行规定，则可以涉及采样的内容。在这种情

---

① 除非特殊说明，本书中所提及的"样品"指实验室样品。

况下，如存在现行适用的标准，应通过引用的方式来表述，如示例 4 - 1 所示。如果涉及的取样内容对于每项技术要求的需求是通用的，可考虑将取样内容作为单独的章或作为单独的条置于试验方法的起始部分。当作为单独的章时，相应的章标题为"取样"，当作为试验方法的单独的条时，相应的章标题为"取样和试验方法"。

在取样条款的编写上，根据具体情况，宜使用祈使句给出获取样品的所有步骤；规定样品的条件调节、采集方法、保存条件、方法或期限等方面的内容和要求，必要时还可给出样品的贮存容器等内容。如示例 4 - 2、示例 4 - 3 所示。

【示例 4 - 1】

> **5　取样**
>
> 　　整粒白胡椒按 GB/T 12729.2 描述的方法进行取样。
>
> 　　测定化学特性用白胡椒粉应由整粒白胡椒样品研碎，全部通过孔径 1 mm 的筛子后制得。

　　［选自 GB/T 7900—2008《白胡椒》，做了适当改动］

【示例 4 - 2】

> **8　取样**
>
> 　　从滴灌管上不相邻的截面上截取完整的滴水元件。对多出水口滴头，样品至少包括 10 个滴头或具有 25 个出水口。各项试验所需的样品数量按第 9 章试验方法相应条款中的规定。

　　［选自 GB/T 17187—2009《农业灌溉设备　滴头和滴灌管　技术规范和试验方法》，做了适当改动］

【示例 4 - 3】

> **5　取样和试验方法**
>
> **5.1　取样**
>
> 　　汽车钟试验用样品均应处于工作状态，并在 18 ℃～25 ℃，相对湿度不大于 70％ 的环境中预运走 48 h。测试瞬时日差时，汽车钟应在（23±1）℃ 的环境下运走不少于 2 h。

　　［选自 GB/T 17929—2007《汽车用石英钟》，做了适当改动］

二、试验方法的编写

　　产品标准中的试验方法与单独的试验方法标准既有区别，又有联系。在编写产品标准中的试验方法时，既要将试验方法与要素"技术要求"统筹考虑，又要在遵照试验方法选择的一般原则基础上，综合考虑单个标准内部各要素之间体量、篇幅的平衡以及试验方法适用产品的范围等因素，来确定产品标准中试验方法的呈现形式。

（一）产品标准中的试验方法与试验方法标准的区别与联系

产品标准中的试验方法与单独的试验方法标准是有区别的。首先，从适用范围上，专门的试验方法标准是为了解决同类问题而起草的方法标准，描述的是一项通用的试验活动的全部内容，适用范围比较宽泛，使用者可以直接应用，也可以稍加调整后应用。而产品标准中的试验方法描述的是证实产品标准中规定的技术要求的方法，它是与该标准中对产品规定的技术要求具有对应关系的试验方法的"集合"。产品标准中的试验方法主要是为了证实该标准中的技术要求而编写的，至于其他标准能否使用，则由其他标准起草者根据具体情况来决定。其次，从主体内容上，与专门的试验方法标准相比，产品标准中的"试验方法"只是某项产品标准中的一个章或条的内容，只需要给出能够证实产品标准中提出的技术要求的必备内容即可，通常不涉及试验方法的原理，化学反应式、精密度和测量的不确定度等内容。

产品标准中的试验方法与试验方法标准是有联系的。首先它们的编制目的都是为了给各方提供沟通和交流的基础；其次，在编写产品标准中的试验方法时，首先要考虑引用现行适用的试验方法标准，当没有适用的标准时，才自行起草试验方法的内容。

（二）编写或选择试验方法的原则

1. 与技术要求的编写统筹考虑

在产品标准中，试验方法与技术要求是互相关联的。"试验方法"是为了证实产品能够满足"技术要求"而存在的，产品标准的"试验方法"中提供的试验方法应与技术要求具有对应关系，要与要求的表述一致。因而在产品标准中对这两个要素要作统筹考虑。示例4-4示出了试验方法与技术要求的表述方式不一致的典型例子。

【示例4-4】　表述不恰当的例子：试验方法与技术要求的表述不一致

5　技术要求

5.1　纺织产品的基本安全技术要求应符合表1的规定。

表1　纺织产品的基本安全技术要求

项目	A类	B类	C类
甲醛含量/（mg/kg）	20	75	300
……	…	…	…
可分解致癌芳香胺染料^c/（mg/kg）	禁用		
……			
^c致癌芳香胺清单见附录C，限量值≤20 mg/kg。			

> **6   试验方法**
>
>   ......
>
> **6.8**   可分解致癌芳香胺染料按 GB/T 17592 和 GB/T 23344 执行。
>
>   注：一般先按 GB/T 17592 检测，当检出苯胺和/或 1,4－苯二胺时，再按 GB/T 23344 检测。

［选自 GB 18401—2010《国家纺织产品基本安全技术规范》，做了适当改动］

示例 4－4 中，GB 18401—2010 对于"可分解致癌芳香胺染料"的要求是"禁用"，这是对产品生产过程提出的要求。按照产品标准编写的可证实性原则，在"6   试验方法"一章中，规定针对技术要求"禁用"的证实方法应是通过派人旁站监视或视频监控来证实生产过程中有没有使用过"可分解致癌芳香胺染料"。然而，GB 18401—2010 表 1 的脚注中注明了可分解致癌芳香胺的限量值≤20 mg/kg，同时在该标准的"6 试验方法"中，引用 GB/T 17592《纺织品　禁用偶氮染料的测定》来检测可分解致癌芳香胺染料，引用 GB/T 23344《纺织品 4－氨基偶氮苯的测定》来测定可分解致癌芳香胺含量。由此可见，该标准使用对"结果"的证实方法来判定"过程"是否符合要求，这是典型的"试验方法"与"技术要求"表述不一致，显然是不正确的。正确的表述方式是：如果用"过程"表述要求，则证实方法应规定采用派人旁站监视或视频监控等来证实生产过程中没有使用过"可分解致癌芳香胺染料"；如果用"结果"表述要求，则将表 1 中的"禁用"修改为"≤20 mg/kg"，并引用 GB/T 23344《纺织品 4－氨基偶氮苯的测定》来测定可分解致癌芳香胺含量。

2. 避免重复

由于一种试验方法往往稍加变动或原封不动就适用于几种产品或几类产品，所以试验方法最容易出现重复现象。因此，在编制产品标准时，如果需要给出证实技术要求中的要求是否得到满足的方法，应首先考虑引用现行适用的试验方法标准。如果现有的试验方法不适用，则考虑自行起草试验方法的内容。

如果一种试验方法适用于一组产品、两个或两个以上类型的产品，则可以考虑将试验方法编制在产品标准的某一个部分中，然后由涉及该产品的相关部分引用该试验方法部分。

3. 尽量选择适用的普遍接受的试验方法

在自行编写试验方法时，应首先考虑将普遍接受的通用方法标准化，不能因为普遍接受的通用方法与正在使用的试验方法不同，而不在标准中规定普遍接受的通用方法。只要可能应选用无损试验方法代替置信度相同的破坏性试验方法。在选择无损试验方法时，根据情况需要权衡无损试验方法的成本后作出决定。

4. 给出仲裁方法

原则上，针对一个特性，产品标准中只应规定一种试验方法。如果针对一个特性存在多种适用的试验方法，且因为某种原因，标准中需要列入多种试验方法，那么，为了解决怀疑或争端，产品标准中应指明仲裁方法（参见示例4-5）。

【示例4-5】

> **4　试验方法**
>
> ......
>
> **4.2　密度的测定**
>
> 　　按 GB/T 4472—1984 中 2.3.1 比重瓶法的规定进行。也可采用密度计法或静水力学称量法。比重瓶法为仲裁法。

［选自 GB 338—2004《工业用甲醇》］

5. 产品标准中试验方法的应用

在产品标准中列出各项试验方法，并不意味着具有实施这些试验的义务，而仅仅是陈述了测定的方法，当要求实施或被引用时才予以实施。例如，供方和需方在合同或协议中明确指定产品需要按照标准中描述的试验方法进行试验，或者供需双方对产品是否符合标准存在着疑义，则可自行或委托第三方按照标准中给出的试验方法进行验证。

（三）试验方法在产品标准中的呈现形式及编写

1. 试验方法在产品标准中的呈现形式

"试验方法"与产品标准中所规定的技术要求有明确的对应关系，是证实产品是否满足所有技术要求的方法的集合。产品标准的标准化对象不同，技术要求不同，针对特定技术要求的证实方法的现行适用标准情况不同，具体产品标准中的试验方法的编写也不同。

在编写产品标准时，根据表述的需要和具体情况，试验方法可以下列形式呈现：

（1）作为单独的章

这是产品标准中试验方法经常使用的呈现形式，适用于证实方法较复杂，并且需要自行起草部分或全部试验方法内容的情况。"试验方法"章通常包含验证产品不同特性的方法，每个方法通常单独设一条。这种情况下，需要在技术要求中的要求型条款的典型句式中提及试验方法［见第三章第一节"四"中的（一）］。

（2）融入技术要求

如果在现有文件中已规定了验证技术要求的适用的试验方法，仅在技术要求中引用即可，例如："甲醛含量按 GB/T 2912.1—2009 给出的方法测定应不大于 20 mg/kg"；或者在证实方法相对简单时，则可直接在技术要求的条款中给出，例如："气密性要求产品在水深 10 m 处，保持 2 min 应无气泡逸出"。

（3）纳入附录

适用于针对技术要求的试验方法内容篇幅过大，置于标准正文中会影响到标准结构的整体平衡，这种情况下可将试验方法编写成规范性附录。

（4）形成标准的单独部分

适用于针对多个或系列产品编写产品标准的情况下，当试验方法适用于标准所涉及的多个产品时，可考虑将相关试验方法编制成标准的单独的"试验方法"部分。

上述试验方法的呈现形式，根据不同情况需要灵活处理。如产品标准需要的试验方法全部适用上述（2）的情况，则该标准中就不应设置"试验方法"这一要素。如除此之外，验证产品某些特性的要求所需的试验方法适用上述（1）的情况，则需要设置"试验方法"这一章。对于分成部分的产品标准，虽然单独设置了试验方法部分，并不意味着所有试验方法都必须纳入试验方法部分。如果某些试验方法仅适用特定产品的部分，也可将该试验方法保留在特定产品的部分中。

2. 以单独的章呈现的"试验方法"的编写

当作为单独的一章时，考虑到与取样的关系，该章的标题可根据实际情况命名为"试验（或检测）方法"或者"取样和试验（或检测）方法"。当包含取样内容时，涉及取样内容的编写见本节"一"中的相关内容。这里着重阐述涉及试验方法内容的编写。

在条款的表述方面，产品标准中试验方法内容的表述与试验方法标准相应内容的表述不存在重大差别。在涵盖的内容方面，"试验方法"应包括用于证实产品是否满足技术要求的相应的试验方法，具体来说应包括试验步骤、试验数据处理（包括计算方法、结果的表述），也可综合考虑相关需要以及内容篇幅等因素，增加其他内容，如试剂或材料、仪器设备、试验条件等。通常"试验方法"一章中的每个试验方法作为一条处理。示例 4－6 给出了试验方法作为一章编写的典型例子。

【示例 4－6】

4　试验方法

　　……

4.7　酸度或碱度的测定

4.7.1　试剂

4.7.1.1　氢氧化钠标准滴定溶液：$c(NaOH) = 0.01$ mol/L。

4.7.1.2　硫酸标准滴定溶液：$c(\frac{1}{2}H_2SO_4) = 0.01$ mol/L。

4.7.1.3　溴百里香酚蓝指示液：1 g/L。

4.7.1.4　不含二氧化碳水。

4.7.2　仪器

　　滴定管：10 mL，分刻度为 0.05 mL。

4.7.3 试验步骤

4.7.3.1 试样用等体积的不含二氧化碳水稀释，加4～5滴溴百里香酚蓝指示液鉴别，呈黄色为酸性反应，测定酸度，呈蓝色为碱性反应，测定碱度。

4.7.3.2 取50 mL不含二氧化碳水，注入250 mL三角瓶中，加4～5滴溴百里香酚蓝指示液。测定游离酸时，用氢氧化钠标准滴定溶液滴定至溶液呈浅蓝色，加入50 mL试样，再用氢氧化钠标准滴定溶液滴定至溶液由黄色变为浅蓝色，保持30 s不褪色即为终点。测定游离碱时，用硫酸标准滴定溶液滴定，溶液由蓝色变为黄色，保持30 s不褪色即为终点。

4.7.4 结果计算

酸度以甲酸（HCOOH）的质量分数 ω_1 计，数值以％表示；碱度以氨（NH_3）的质量分数 ω_2 计，数值以％表示；分别按式（1）和式（2）计算：

$$\omega_1 = \frac{(V_1/1000) \cdot c_1 \cdot M_1}{V \cdot \rho_t} \times 100\% \quad \cdots\cdots\cdots\cdots\cdots\cdots\cdots\cdots\cdots (1)$$

$$\omega_2 = \frac{(V_2/1000) \cdot c_2 \cdot M_2}{V \cdot \rho_t} \times 100\% \quad \cdots\cdots\cdots\cdots\cdots\cdots\cdots\cdots\cdots (2)$$

式中：

V_1——氢氧化钠标准滴定溶液（4.7.1.1）的体积的数值，单位为毫升（mL）；

c_1——氢氧化钠标准滴定溶液浓度的准确数值，单位为摩尔每升（mol/L）；

M_1——甲酸的摩尔质量的数值，单位为克每摩尔（g/mol）（$M_1 = 46.03$）；

ρ_t——测定温度 t 时的甲醇试样的密度，单位为克每立方厘米（g/cm^3）；

V_2——硫酸标准滴定溶液（4.7.1.2）的体积的数值，单位为毫升（mL）；

c_2——硫酸标准滴定溶液浓度的准确数值，单位为摩尔每升（mol/L）；

M_2——氨的摩尔质量的数值，单位为克每摩尔（g/mol）（$M_2 = 17.03$）；

V——试样的体积的数值，单位为毫升（mL）（$V = 50$）。

取两次平行测定的算术平均值为测定结果。两次平行测定结果的相对偏差不大于30％。

4.8 羰基化合物含量的测定

……

［选自 GB 338—2004《工业用甲醇》，做了适当改动］

在"试验方法"一章不应包含范围（适用范围）、规范性引用文件、术语和定义等内容，也不应在试验方法中提出"技术要求"。示例4－7、示例4－8示出了产品标准的"试验方法"一章给出"适用范围"、规定"技术要求"的不规范的案例。

【示例4－7】 表述不恰当的例子："试验方法"一章中给出了"适用范围"的内容

9 试验方法

9.1 螺栓和螺钉（不含螺柱）成品楔负载试验

9.1.1 通则

……

9.1.2　适用范围

本试验适用于带或不带法兰面，并符合以下规定的螺栓和螺钉：

——平支承表面或锯齿形表面；

——头部承载能力强于螺纹杆部；

……

9.1.5　试验步骤

……

9.1.6　试验数据处理

[选自 GB/T 3098.1—2010《紧固件机械性能　螺栓、螺钉和螺柱》，做了适当改动]

在产品标准的"试验方法"一章中，只应描述验证产品的技术要求是否得到满足的方法，而这些方法用于验证该产品标准的标准化对象是否满足了该标准规定的技术要求，至于是否适用验证其他标准化对象，则不属于该项产品标准所要考虑的内容，因而在编写产品标准中的试验方法内容时，不应出现示例 4 – 7 中的 9.1.2 条。

【示例 4 – 8】　表述不恰当的例子：在试验方法中提出"技术要求"

5　技术要求

……

5.3　洗净性能

洗衣机洗净比应不小于 0.70。

5.4　对织物磨损率

……

6　试验方法

……

6.3　洗衣机洗净性能试验

洗衣机按附录 A 进行洗净性能试验，应符合 5.3 的规定。

6.4　磨损试验

洗衣机按附录 B 进行对织物磨损率试验，应符合 5.4 的规定。

[选自 GB/T 4288—2008《家用和类似用途电动洗衣机》]

示例 4 – 8 中，第 5 章"技术要求"已经规定了产品的性能特性（如 5.3），而第 6 章"试验方法"在描述验证具体性能特性的试验方法时，又用要求型条款引用了"技术要求"。这种编写方法是不正确的，因为技术要求是产品标准的核心要素，试验方法只是提供为了证实是否满足技术要求的验证方法，所以只能由技术要求引出试验方法，而不能由试验方法引出技术要求［见第三章第一节"四"中的（一）］。

如果需要对现行适用标准进行修改或调整，比如，对仪器设备、试样、计算方法等有特殊要求或需要进行调整的，建议采取如下表述方式予以描述：按 GB/T ×××××给出的方法测定或按 GB/T　×××××中……描述的方法测定，并根据具体情况，指明对按照现行标准进行试验所需的调整，如示例 4-9 所示。

【示例 4-9】

7　试验方法

……

7.4　强度的测定

7.4.1　总则

按 GB/T 17671—1999 的规定测定。其中，强度成型用水灰比、养护和脱模、强度测定时间作如下修改。

7.4.2　强度成型用水灰比

CA50 水泥成型时，水灰比按 0.44 和胶砂流动度达到 145 mm～165 mm 来确定。当胶砂流动度超出该流动度范围时，在基数 0.44 上以 0.01 的整倍数增加或减少水灰比，以使胶砂流动度达到 145 mm～155 mm 或减至 165 mm～155 mm。……

7.4.3　养护和脱模

……

7.4.4　强度测定时间

……

［选自 GB/T 201—2015《铝酸盐水泥》，做了适当改动］

如果各项试验之间的次序对试验的结果可能产生影响，则还应规定试验方法的先后次序，如示例 4-10 所示。

【示例 4-10】

9　试验方法

9.1　试验顺序

试验按照本章规定的顺序进行。9.5 及以后的所有试验的试样，均先要进行 9.4 规定的试验。

9.2　试验条件

除另有规定外，所有试验的环境温度和水温为 23 ℃±3 ℃。试验用水经孔眼公称直径为 75 μm～100 μm 的过滤器过滤。

9.3　测量装置的精密度

水压测量装置的测定值相对于真值的误差不大于 1%。

试验期间，压力的变化量不大于 2%。

流量测量装置的测定值相对于额定流量的误差不大于±0.5%。

9.4　流量一致性试验

在滴头/滴水元件进水口处的压力等于额定试验压力下，测量滴头/滴水元件的流量，分别记录每个滴头/滴水元件的流量测定值。

按式（1）计算变异系数。

……

9.5　流量和进水口压力之间的关系试验

……

［选自 GB/T 17187—2009《农业灌溉设备　滴头和滴灌管　技术规范和试验方法》，做了适当改动］

3. 融入要素"技术要求"中的"试验方法"相关内容的编写

当试验方法融入要素"技术要求"中时，相应的章标题可命名为"技术要求与试验方法"。在条款的表述上，建议试验步骤、计算方法等内容与技术要求有机融合在一起，如示例 4 - 11、示例 4 - 12 所示。

【示例 4 - 11】

4　技术要求和试验方法

4.1　启动电压

按使用说明书要求安装固定牵引器，分别调整输入电源电压到 0.85 倍和 1.25 倍额定电压，将等于额定牵引力的砝码挂到牵引器上，接通电源进行试验。在 0.85 倍和 1.25 倍额定电压下，分别进行 3 次启动试验，牵引器均应能够正常启动。

4.2　牵引力

按使用说明书要求安装固定牵引器，调整输入电源电压到额定电压，将等于额定牵引力的砝码挂到牵引器上，接通电源进行试验。试验进行 3 次，均应能够正常工作。

［选自 GB/T 23149—2008《洗衣机牵引器技术要求》，做了适当改动］

【示例 4 - 12】

5　技术要求和试验方法

5.1　太阳电池耐机械振动性能

按 GB/T 23828—2009 中 5.10.5 的规定进行试验，太阳电池不应具有 GB/T 9535—1998 中 10.1.2 所列的缺陷；整个系统应工作正常，输出工作电压达到初始试验的数值。

5.2　太阳电池耐 UV 紫外辐射性能

按 GB/T 16422.3—1997 中 5.1.1 的规定，用 UV - A340 灯，样品架在 340 nm 时的辐照度控制在（0.78±0.02）W/m² · nm，按照 GB/T 16422.3—1997 中 7.8 的暴露方式 2，连续照射 480 h。试验结束后，太阳电池不应具有 GB/T 9535—1998 中 10.1.2 所列的缺陷，按 GB/T 9535—1998 中 10.3 规定的方法测试绝缘电阻应不小于 50 MΩ。

［选自 GB/T 24716—2009《公路沿线设施太阳能供电系统通用技术规范》，做了适当改动］

4. 以附录呈现的"试验方法"的编写

当试验方法作为规范性附录编写时，根据实际情况，附录中的内容可包括仪器设备、试验步骤、试验结果计算方法，也可根据需要增加其他内容，如试验条件、警示、试剂或材料等，但不应在附录中包含适用范围、术语和定义、规范性引用文件。示例 4 - 13 示出了作为附录编写的试验方法。

【示例 4 - 13】

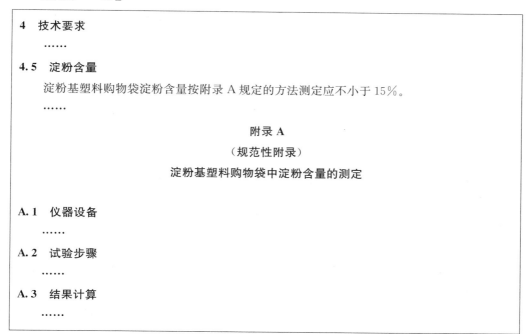

4　技术要求

......

4.5　淀粉含量

淀粉基塑料购物袋淀粉含量按附录 A 规定的方法测定应不小于 15%。

......

附录 A

（规范性附录）

淀粉基塑料购物袋中淀粉含量的测定

A.1　仪器设备

......

A.2　试验步骤

......

A.3　结果计算

......

〔选自 GB/T 21661—2008《塑料购物袋》，做了适当改动〕

5. 以单独的部分呈现的"试验方法"的编写

当"试验方法"作为单独的部分编写时，其文本结构的构成以及诸如试验条件、试剂或材料、仪器设备、样品、试验步骤、试验数据处理、试验报告等内容的编写宜遵守 GB/T 20001.4—2015 的有关规则。产品标准中以单独的部分存在的试验方法的编制目的，仍是为了证实标准所针对的产品特性的符合性，理论上讲它的适用范围要小于试验方法标准。

第二节　检验规则

在产品的全生命周期中，从生产阶段到使用、消费阶段之间有一个重要的环节，是产品贸易中不可或缺的活动。这项活动：

——对于生产方是用于确定，企业生产的产品是否符合产品标准的规定要求，能否签发供方的符合性声明（见 GB/T 27050《合格评定　供方的符合性声明》）或企业的《产品合格证》的活动，以决定产品能否出厂、进入市场销售；

——对于使用方是用于确定，所采购的产品是否符合其采购标准所规定的要求的活动，以决定是否可以购入；

——对于第三方是用于确定，该产品是否符合选定的规定要求，并提供"符合性证明"和"符合性标志"的活动，以帮助生产方提高其产品在市场上的信任度，为使用方解决对产品是否符合规定要求的疑惑。

这项活动，我国产品生产企业将其称为出厂检验，产品使用企业将其称为入厂检验，在产品标准中统称为检验规则。

一、标准中的检验规则

在《中华人民共和国标准化法》（以下简称《标准化法》）实施（1989 年 4 月 1 日）之前，我国执行的是 1979 年 7 月 31 日国务院发布的《中华人民共和国标准化管理条例》，其中第十八条规定"标准一经批准发布，就是技术法规，各级生产、建设、科研、设计管理部门和企业、事业单位，都必须严格贯彻执行，任何单位不得擅自更改或降低标准。对因违反标准造成不良后果以至重大事故者，要根据情节轻重，分别予以批评、处分、经济制裁，直至追究法律责任"。

可见，当时的国家产品标准是作为技术法规执行的。检验规则是产品标准中必备的内容，它是唯一的合格评定活动的规定要求，也是必须执行的。它既是任何第一方（生产方）的产品出厂检验共同执行的依据；也是所有第二方（使用方）的产品入厂检验共同执行的依据；更是每个第三方（中立方）开展认证活动共同执行的依据。

在计划经济体制下，为了发展生产保障供给，避免供、需双方出现纠纷，把检验规则作为国家的主张在国家产品标准中作出统一的规定是必要的、可行的。因为产品的生产方、收购方都是国营企业，产品的认证机构也是国家的事业单位，他们在生产、检验、认证、计划调拨、流通中，只要是严格执行了作为技术法规的标准，潜在的风险均由国家来承担。这在《标准化法》实施前的 40 年间一直是这样做的，是没有问题的。

《标准化法》实施以后，我国的标准分为强制性标准和推荐性标准。强制性标准是必须执行的，推荐性标准是企业自愿选用的，而大多数产品标准都是属于推荐性标准。随着改革开放的深入，市场经济的发展，市场主体的成分发生了很大的变化，国营企业一统天下的格局已被打破。要求第一、二、三方必须共同执行产品标准中的检验规则，已经失去"必须共同执行"的前提条件。因此，我国产品标准中的"检验规则"已经完成了它的历史使命，应该从公开发布的推荐性国家标准、行业标准、地方标准中移除出去，成为《世界贸易组织贸易技术壁垒协议》（以下简称《WTO/TBT 协议》）中的第三类文件"合格评定程序"的内容。

二、合格评定程序

合格评定是从"认证"扩展而来的，而认证是由于产品生产方的产品质量保证未能取得民众的信任而出现的。

瓦特发明蒸汽机，拉开了近代工业化大生产发展的序幕。随之而来的锅炉爆炸等安全事故时有发生，受害者不仅仅是生产工人，有时也波及锅炉生产、使用双方以外的普通民众。虽然锅炉制造厂有"供方的符合性声明"保证生产的锅炉符合相关的规定要求，使用方有锅炉工的安全操作规程，保证锅炉使用是安全的。但对于受害者来说，这些都是"老王卖瓜，自卖自夸"，对他们的保证不信任。为了使普通民众（消费者）建立起足够的信心，生产方就需要请第三方出面，提供公正的第三方保证活动，"认证"也就应运而生。因此，"认证"在"合格评定"出现之前就已经存在了。

世界贸易组织（WTO）在制定的《WTO/TBT 协议》中将"认证"这个词扩展为"合格评定"。在《WTO/TBT 协议》中，规定了对技术法规、标准和合格评定程序三类文件的制定、发布和实施的要求。"合格评定程序"作为一种文件的类名与技术法规、标准并列，出现在我们面前，合格评定程序的内容涉及"合格评定对象的规定要求"和"合格评定活动的规定要求"。

在《WTO/TBT 协议》中明确了：技术法规是强制性的，标准是非强制性的。至于合格评定程序虽然没有明示属性，但在给出的定义"任何直接或间接用来确定是否满足技术法规或标准中的规定要求的程序"中已经给出了答案：满足技术法规的是强制性的，满足标准的是非强制性的。

2001 年 11 月 10 日，我国正式加入 WTO。根据《中华人民共和国加入议定书》第 13 条第 2 款，我国政府承诺：中国自加入时起，使所有技术法规、标准和合格评定程序符合《WTO/TBT 协议》。

三、检验规则与合格评定程序的同和异

合格评定程序的文件分为涉及合格评定对象的规定要求的文件和涉及合格评定活动的规定要求的文件。产品标准中的"检验规则"的内容相当于"产品合格评定活动的规定要求"的内容之一。检验规则与合格评定程序既有相同之处又存在着差异。

（一）相同之处

1. 作用相同

检验规则与合格评定程序都是针对证实是否符合规定要求的活动而规定的要求。在这一点上是相同的。

2. 固有风险相同

为了证实产品是否符合规定要求，需要不同的证实方法。证实方法分为无损方法和有损方法两类，都可能引入抽样方案，而抽样方案的引入将会带来潜在的风险。当然，这些风险是可以控制的。检验规则和合格评定活动都可能引入抽样方案，带来潜在的风险。

（1）无损的证实方法

产品经过无损的证实方法检查、测试之后，产品完好，如果产品指标证实合格，样品也可以随交验批交付。

对于批量大的产品，如果逐个检查、测试，就能保证出厂的产品个个合格，但是证实活动是有费用发生的，需要实验室、试验场地、仪器、设备、试剂、耗材、人员工资、样品消耗等等，都是需要承担成本的，逐个证实的成本就很大。

为了节约成本，通常采用抽样方法，抽取少量样品作为代表进行检查、测试，以样品的结果作为判断整批产品是否合格、能否出厂的依据。由于出厂产品中只有一小部分样品经过检查、测试证实合格的，而大部分产品没有进行检查、测试，其中就潜在固有的风险。

（2）有损的证实方法

产品经过有损的证实方法测试之后，产品损坏，即使测试结果证实产品指标合格，产品也无法交付（如经过碰撞试验后指标合格的汽车）。

因此，只能采用抽样方法进行证实，而实际交付的产品是根本无法进行该项指标的有损测试，也就潜在固有的风险。

（二）不同之处

检验规则与合格评定程序的不同之处有以下两点：

1. 针对的对象

检验规则所规定的要求通常所针对的对象仅是产品；而合格评定程序规定的要求针对的对象要广泛得多，包括产品、过程、体系、人员或机构。

2. 从事活动的主体

合格评定活动根据实施主体的不同，区分为：

第一方合格评定活动。由提供合格评定对象的人员或组织进行的合格评定活动。

第二方合格评定活动。由在合格评定对象中具有使用方利益的人员或组织进行的合格评定活动。

第三方合格评定活动。由既独立于提供合格评定对象的人员或组织、又独立于在合格评定对象中具有使用方利益的人员或组织的人员或机构进行的合格评定活动。

而国家、行业、地方标准的检验规则并没有明确这类活动的实施主体，也就没有清晰地区分第一、二、三方。改革开放后，在市场经济背景下，不仅第一、二、三方行业的立场不同，行业中各企业之间的风险承受能力也有差异。除了符合强制性国家标准（技术法规）规定要求的合格评定活动的规定要求需要统一外，其他符合非强制性规定要求的合格评定活动的规定要求无法统一。

一般情况下，如果第二方为了节约合格评定活动的成本，可以在合同中与第一方约定需要检验的项目和要求，在第一方信用良好时，第二方可以承认第一方的合格评定活动的结论。

四、产品标准中是否选择检验规则

目前，我国标准分为强制性标准和推荐性标准，而大多产品标准应该属于推荐性标准的范畴。按照上面的论述，推荐性产品标准，可按公开发布和不公开发布两类来考虑。

（一）国家标准、行业标准和地方标准

推荐性国家标准、行业标准和地方标准是公开发布的，国家鼓励企业自愿采用。为了鼓励更多的企业采用，按照《WTO/TBT 协议》，ISO 导则第 2 部分，GB/T 27007 和 GB/T 20001.10 的相关要求，需要将合格评定活动的规定要求分离出去，单独处理。也就是说在这类产品标准中不宜再保留检验规则，相关的内容应另外形成《WTO/TBT 协议》中要求的第三类文件——合格评定程序。

（二）企业标准

对于生产方：企业生产的产品，出厂时可以有自己的检验规则（或称合格评定程序）。企业确定的检验规则是为了确认自己生产的产品是否符合企业产品标准的规定要求。为了自己使用方便，可以将检验规则并入本企业的产品标准中。

对于使用方：企业的采购标准通常稍微简单一些，因为采购的产品都是生产方声明合格的产品。使用方的合格评定活动是在生产方合格评定活动的基础上进行的，为了节省费用，只对使用方认为非做不可的、少数指标项目进行证实。使用方需要证实的指标项目：如果是生产方做过的指标项目，其检验规则（或称合格评定程序）就比较简单；如果是生产方未做过的指标项目，其检验规则（或称合格评定程序）

的内容就比较完整，这类有特殊要求的企业采购标准通常是不公开的，可能包含了企业的技术秘密。

五、产品标准中的检验规则如何编写

如果企业产品标准选择了检验规则时，则通常用"检验规则"作为章标题，在该章之下可用检验分类、检验项目、组批规则、抽样方案、判定规则等作为标题设条，当然也可作无标题条处理，但在"检验规则"这一章之下，有无标题应统一。

（一）检验分类

检验的类别从字面上看有很多，其实按照检验的目的划分只有两类：判定产品的设计如何？判定产品的生产如何？

产品设计是产品全生命周期的第一个阶段。设计工作完成后，需要判定产品设计的结构是否合理，材料选择是否恰当，产品的结构和选用的材料都具体反映在产品图纸上，因此为这类判定所实施的检验通常称作定型检验。这一类别的检验由于行业习惯不同，还有其他的称谓，如型式检验、首件检验、例行检验、鉴定检验等。

产品生产是产品全生命周期的第二个阶段。生产阶段需要判定生产出来的产品是否符合产品图纸和产品标准的规定要求。这一类别的检验由于各方立场不同，使用的称谓有出厂检验、入厂检验、常规检验、交收检验、质量一致性检验等。

从检验分类的组合可以判断出检验规则适用的使用对象。

如果，检验分类选择"型式检验"和"出厂检验"，则表明适用于产品生产企业（第一方）。因为型式检验需要的产品图纸，只有生产企业有；至于出厂检验中的"出厂"，明白告诉你是从生产厂"出去"的。

如果，检验分类选择"首件检验"和"质量一致性检验"，则表明适用于使用企业（第二方）。这里需要说一下"首件"的概念，它是从美国军用标准引入的，军方在与供应商首次签订采购合同时，因为对供应商提供的产品不很了解，会提出"首件"检验的要求。首件不是第一件，也不是仅此一件。"首件"是指执行合同时，先提交的几件产品，由军方交给自己的测试机构进行全面测试、检查。测试、检查的项目，不限于产品标准中列出的项目，但肯定是使用方最关心的项目。首件检验实际上相当于型式检验，不同的是没有产品图纸可以对照，所有检验费用均由使用方负责。首件检验通过后，才通知供应商继续执行合同，补足合同规定的剩余的产品数量。至于与首件检验配套的质量一致性检验，其目的就是判断后续提交的产品与首件的质量是否一致，类似于入厂检验。

可见，选择哪些检验类别进行组合，取决于检验规则适用的使用对象。

在"检验分类"的标题下，根据行业习惯、列出本企业的检验类别或检验类别组合（参见示例 4 - 14）。

（二）检验项目

检验项目需要确定实施各类检验的时机和每类检验需要实施的具体项目。

在批量生产时，产品图纸和产品标准都已经确定。产品研发的成果、产品的性能都已经固化在图纸上。只要图纸和材料不变，产品的固有性能就不会变。因此，与型式检验类似的检验类别，实施频率相对较低，但实施的项目相对较多。对于与出厂检验类似的检验类别，基本上每批都要实施，但实施的项目相对较少，且正常测试所需的时间也相应较短。

在"检验项目"的标题下，根据选定的检验类别，分别列出需要检验的项目，可用表的形式表示。表一般可包括序号、检验项目名称、"要求"的章条号和"试验方法"的章条号。不同检验类别的检验项目可单独列表也可以合并列表。

当需要在同一个试样上，进行多个检验项目，如果检验项目实施的次序可能影响检验结果时，需要对检验项目的次序作出明确的规定。宜根据需要规定检验的时机，例如转产、转厂、停产后复产、结构或材料或者工艺有重大改变、合同规定等（参见示例 4 - 14）。

（三）组批规则

组批规则需要与检验分类协调。第一方（生产方）和第二方（使用方）的组批规则是不同的，因为他们掌握的信息不同。

例如，要求"每批"钢板由同一炉罐号、同一厚度、同一热处理制度的钢板组成。这些信息（如炉罐号、热处理制度）只有具体的第一方（生产厂）才知道，第二方（使用方）不知道。对于第二方只能要求，由同一生产厂生产的、同一年代的、出厂批号相同的才能组成一个交验批。因此，从组批规则的表述就知道是谁的主张，适用范围也就清楚了。

上面说的是组批条件，另外一个内容就是批量大小。对于第一方批量可能很大（批量大，批数就少，样品也少，测试成本也会低），对于第二方的批量通常不会超过第一方的批量。

在"组批规则"的标题下，参照前面确定的检验分类，编写相应的组批规则。先确定组批条件，再规定批量大小（参见示例 4 - 14）。

（四）抽样方案

统计抽样检验中统计的基础是"单位产品"。GB/T 20001.10 所适用的有形产品又分为硬件和流程性材料。硬件是计数的，一个硬件就是一件"单位产品"（如手机）；流程性材料是计量的，如果采用统计抽样检验，需要将流程性材料划分为许多个"单位产品"（如纸盒装纯牛奶）一盒纯牛奶就是一件单位产品。统计抽样检验中的批量、样本量都是以单位产品的数量来统计的。

按照单位产品的"质量特征"，统计抽样检验可分为：

——"计数抽样检验方案"。把单位产品简单划分合格品、不合格品，或只计算合格数、不合格数来判定交验批的接收、不接收。

——"计量抽样检验方案"。对单位产品的质量特征，采用相应连续量（如时间、纯度、长度等）进行测量，然后根据统计计算结果（如均值、标准差等）判定交验批的接收、不接收。

例如：安全气囊的点火装置可能有两个主要性能指标需要证实：发火率和延迟时间。发火率只要保证每发都响，就算合格，可以采用计数抽样方案。延迟时间要保证驾驶员在接触方向盘之前弹出气囊，提供保护，延迟时间越短越好。如果接触后再弹出，就失去保护作用，就算不合格。延迟时间是一个连续量，可以采用计量抽样方案。

抽样方案包含批量 N、样本量 n 和判定数组 Ac 和 Re。Ac 是对批作出接收判定时，样本中发现的不合格品或不合格数的上限值，只要样本中发现的不合格品或不合格数等于或小于 Ac，就可判定接收该批。Re 是对批作出不接收判定时，样本中发现的不合格品或不合格数的下限值，只要样本中发现的不合格品或不合格数等于或大于 Re，则可判定不接收该批。

抽样方案只解决批量 N、样本量 n 和判定数组 Ac 和 Re 中的数量问题，不涉及如何抽取样品的方法，以及取样中的技术问题（这方面的内容见第四章第一节中的"一"）。

对于具体生产企业在抽样方案中体现的就是该生产企业能够承受的风险水平，无法考虑使用方（不知道产品将来卖给谁）的风险承受能力。因为一批产品可能卖给几个不同的使用方，他们购买的数量不同，用途不同，承受风险的能力也不同，无法兼顾。

如果是生产企业编写的企业产品标准，需要根据企业自己的生产经验和能够承受的风险水平来确定抽样方案。

"百分比抽样"的科学性和可靠性都较差，因此不宜再使用这种抽样方案。

在"抽样方案"的标题下，参照检验类别、检验项目确定抽样检验的类型。给出适用的抽样检验程序国家标准编号，给出抽取样本的次数，指定负责部门（参见示例 4 - 14）。

（五）判定规则

判定规则是决定产品的交验批的接收或不接收。产品的交验批的接收应通过使用一个或多个抽样方案来判定。每个抽样方案中都有相应的接收质量限（AQL），及给出的接收数（Ac）和拒收数（Re）。以此作为判定的依据，每个抽样方案都判定接收时，产品的交验批就应该接收。

在判定规则中曾经规定过"复验规则"，这是按百分比抽样的补救措施。在统计抽样方案中不应再有"复检规则"，可选用二次抽样方案或多次抽样方案。

在"判定规则"的标题下，给出产品的交验批的接收的评定规则（参见示例4－14）。

【示例4－14】

5　检验规则

5.1　检验分类

产品的检验类别由出厂检验和型式检验组成。

5.2　检验项目

产品的型式检验和出厂检验的检验项目见表9。

表9　检验项目

序号	项目	技术要求	试验方法	检验类别	
				出厂检验	型式试验
1	结构与外观	4.1	5.1	√	√
2	外形尺寸	4.2	5.2	√	√
3	高、低温	4.3	5.3	—	√
4	湿热	4.4	5.4	—	√
5	静载荷	4.5	5.5	—	√
…	……	…	…	…	…

5.3　检验时机

每个交验批均应经过出厂检验。

提供型式检验的产品，应是出厂检验合格的产品。当遇有下列情况之一时，应进行型式检验：

——产品定型鉴定；

——产品的设计、材料或工艺进行重大更改时；

——投产后，每隔一年一次；

——长期（一年以上）停产后，再恢复生产时。

5.4　组批规则

每个车间、同类生产线、每班生产的、同一型号的产品组成一个交验批，数量在2000～2500个之间。

5.5　抽样方案

产品采用统计抽样检验，计数抽样检验程序按照GB/T 2828.1的规定，计量抽样检验程序按照GB/T 6378.1的规定，由检验科负责执行。

5.6　判定规则

按照每一项指标的抽样方案进行评定，全部"接收"时，该交验批产品判定合格。

第三节　分类、编码和标记

产品标准中，要素"分类编码"为可选要素。该要素可为符合规定要求的产品建立一个分类（分级）、命名或编码体系。分类与技术要求密切相关。当针对某个领域的众多产品制定产品标准时，可能存在不同类型/级别的产品的技术特性构成不同或者对于同类技术特性、不同类型/级别的产品的特性值（要求）不同等情况。这时，首先需要对产品进行分类，然后按照不同的类型/级别确定技术特性，并对特性设定不同的特性值。

标准化项目标记在产品标准中也是可选要素。它是对所发布的标准中的项目拟定的标记。我们知道标准编号是标准文本的一种标志，通过标准编号可以找到需要的标准文本。如果标准文本涉及的标准化项目是唯一的，则标准编号除了可以标示标准文本之外，还可以用作标准中唯一的标准化项目的标记。如果标准文本中描述的标准化项目不是唯一的，则标准编号只能用作标示标准文本，不能用作标准中标准化项目的标记。这时，为了便于交流，避免冗长的文字描述，需要对标准中的项目拟定标记。

一、分类与命名、编码的关系

分类是对产品、过程或服务中的某个标准化对象依据一定的原则或方法进行区分。命名是对分类结果用文字进行识别，这时分类结果表现为名称或名字；编码则是用数字、字母、符号等进行识别，这时分类结果表现为代码或标记。由此可见，名称或名字、代码或标记是分类结果的不同识别或表达方式。

当对标准化对象进行分类后，为什么会存在多种识别或表达方式呢？这是因为不同的识别和表达方式各具特点和局限性：用文字表示的名称可能太长，一方面，用起来可能不方便，另一方面，不适于信息化；用数字、字母表示的代码，虽然便于信息化，然而太枯燥、太抽象，不易记住；在指定的范围内，如果改用标记，可能就比较方便了。由此可见，不同的识别或表达方式能够为用户带来根据需求进行选择的空间。以对人类的分类为例，如果按照性别区分，可以将人类一分为二，那么，这样分类之后所产生的两部分如何识别呢？采用不同的识别方法，所产生的结果也不同：

——用文字表示为"男"和"女"，这是名称；

——用数字表示为"1"和"2"，这是代码；

——用符号表示为"♂"和"♀"，这是标记。

这里的"男"和"女"是中文，外国人看不懂；"1"和"2"是由 GB/T 2261.1—2003《个人基本信息分类与代码　第 1 部分：人的性别代码》界定的，但只适用于我国；而用"♂"和"♀"表示时，它的适用范围就不限于我国，其他国家也适用。这个例子形象地展示了不同的识别方式的适用情形。

二、分类和编码的编写

产品标准中的分类和编码与专门的分类标准既有区别，又有联系。在编写产品标准中的分类和编码内容时，应考虑表述技术要求的需要，来确定产品标准中分类和编码内容的呈现形式。以下将具体讨论产品标准中分类和编码的编写方法。

（一）产品标准中的分类和编码与专门的分类标准的区别与联系

产品标准中的分类和编码与专门的分类标准是有区别的。专门的分类标准的适用范围比较宽泛，使用者可以直接应用，也可以稍加调整后应用。它是针对某一大类产品给出分类原则、分类方法等"怎么分"以及分类结果"怎么识别"两部分内容。这类标准中，有些重点规定了"怎么分"，其目的是告诉使用者按照标准的规定自己去做"分类"工作；有些重点阐述了分类结果"怎么识别"，其目的是告诉使用者，其生产的产品只能使用标准已经给定的名称来命名。而产品标准中的分类和编码所针对的对象仅限于该标准所涉及的具体产品，至于其他标准能否使用，则在起草其他标准时根据具体情况来决定。产品标准中分类和编码内容，都是为了便于表述"技术要求"的，从而使得标准中可以针对不同类型产品设定具有针对性的特性并规定特性值（技术要求）。从主体内容上，与专门的分类标准相比，产品标准中的"分类和编码"只是某项产品标准中一个章或条的内容。

产品标准中的"分类和编码"与专门的分类标准是有联系的。在编写产品标准中的分类和编码内容时，如果现行的该领域的专门分类标准重点规定了"怎么分"，则产品标准中的分类和编码通常应按照专门的分类标准的规定，结合具体产品，给出相应的分类结果"是什么"。如果该领域现行的专门分类标准的内容为给出了分出的类别"怎么识别"和"是什么"，则产品标准中的分类和编码通常应根据专门的分类标准给定的识别内容，结合具体产品对号入座，拿来用就可以了。如果该领域没有专门的分类标准，则产品标准中的分类和编码中可先提出具体产品"怎么分"，再给出相应的产品"怎么识别"和"是什么"。

（二）编写的一般要求

分类是对标准化对象建立秩序的途径之一。在产品标准中编写分类相关内容时，应按照以下基本原则和要求。

1. 服务于具体产品标准的需求

如前所述，在产品标准中编写分类（或分级）相关内容，是与产品标准中必备要素"技术要求"的表述密切相关的。因而，在编写分类（或分级）相关内容时，无论是选择使用现行的专门分类（或分级）标准，还是自行起草产品"怎么分""怎么识别"和"是什么"的内容，都应着眼于方便"技术要求"的表述、满足"技术要求"表述的需要，不应涉及与"技术要求"无关的分类（或分级）内容。示例4－15给出了白酒瓶分类在表述技术要求时的应用。

【示例 4－15】

4 产品分类

按照产品玻璃种类，白酒瓶分为品质料玻璃酒瓶、高白料玻璃酒瓶、普料玻璃酒瓶和乳浊料玻璃酒瓶四类。以下简称品质料瓶、高白料瓶、普料瓶和乳浊料瓶。

5 要求

5.1 理化性能

理化性能应符合表1的规定。

表 1 理化性能

项目名称	指标			
	品质料瓶	高白料瓶	普料瓶	乳浊料瓶
耐内压力/MPa	≥0.5			
抗热震性/℃	≥35			
抗冲击/J	≥0.2			
内应力[a]/级	真空应力≤4			—
内表面耐水性/级	HCD			
[a] 不透明白酒瓶对内应力不作要求。				

......

5.3 规格尺寸

......

5.3.7 瓶身圆度

瓶身圆度应符合表4的规定。

表 4 瓶身圆度

项目名称	品质料瓶	高白料瓶	普料瓶	乳浊料瓶
瓶身圆度，不超过直径的	3％	4％	5％	5％

［选自 GB/T 24694—2009《玻璃容器 白酒瓶》，做了适当改动］

2. 尽可能采用系列化的方法进行分类

根据产品的属性，尽可能采用系列化的方法进行分类，并明确界定分类后所形成的类目和/或项目的内涵和外延；对于系列产品，应合理确定系列范围与疏密程度等，尽可能采用优先数系或模数制。

3. 采用陈述型条款表述

分类是对某一个、某一类或者某个领域中的标准化对象按照若干属性进行区分，再采用适宜的方式对分类的结果予以识别，从而为各方提供沟通和交流的基础，促进相互理解。因而，在产品标准中编写分类相关内容时，无论是使用现行的专门分类标准，还是自行起草，通常采用陈述型条款。

（三）分类和编码在产品标准中的呈现形式及编写

1. 分类和编码在产品标准中的呈现形式

如前所述，产品标准中之所以编写"分类和编码"，是为了表述"技术要求"的需要，对产品进行清晰的分类和编码后，就可以针对不同类型的产品设定特性并规定特性值。产品标准的标准化对象不同，相关现行适用的分类标准不同，都会影响标准中的分类和编码的编写。

在编写产品标准的"分类和编码"时，要综合考虑其内容、篇幅以及与技术要求的关系等因素，按照表述的需要和具体情况，通常在以下几种呈现形式中进行选择。

（1）作为单独的章：这是"分类和编码"通常的呈现形式。这种情况适用于产品标准的标准化对象是相对简单的具体产品，并且不存在针对该产品的现行适用的分类标准，从适用的角度来看，也不需要对该产品进行复杂的分类和给出复杂的分类结果，即可满足该项产品标准的需要。

（2）融入技术要求：在产品的分类内容相对简单，如仅需引用适用的分类标准，或者仅需给出简单的分类结果，将其与技术要求一起表述更加方便，则也可以考虑将其融入"技术要求"。

（3）形成标准的单独部分：如果产品标准涉及的产品种类较多或涉及系列产品，已经考虑将标准分部分发布，则可以考虑将"分类和编码"的内容编制为标准的一个部分；另外，如果针对一类产品的标准中的分类和编码的内容，有可能会被其他文件所引用，如可行的话，也可考虑将"分类和编码"编制为标准的一个单独的部分。

2. 以单独的章呈现的"分类和编码"的编写

"分类和编码"作为单独的一章编写时，结合具体产品标准中技术要求编写的需要，可给出分类依据的属性、划分出的类别［类目和/或项目，参见下文的（3）］以

及类别的识别 （例如类目名称和/或项目名称、代码等）。

（1）章标题的编写

该章如果仅包含了分类依据的属性、所分出的类目和/或项目，则宜使用"分类"作为章标题；如果除了包含分类的内容外，还给出了类目名称和/或项目名称，则宜使用"分类和命名"作为章标题；如果除了包含分类的内容外，还对类目和/或项目予以编码，则宜使用"分类和编码"作为章标题；如果不但包含了分类的内容，还对类目和/或项目予以命名和编码，则宜使用"分类、命名和编码"作为章标题。

（2）分类的编写

分类是按照若干属性对产品进行有规律的排列或划分。这里的属性即是分类的依据。在编写产品标准时，要从满足技术要求表述的需要出发，确定分类所依据的属性。必要时，还需指出所划分出的类目和/或项目的层级关系。视具体情况，可根据产品的不同特性（如来源、结构、形式、材料、性能或用途等）进行分类，如示例 4 - 16、示例 4 - 17 所示。

【示例 4 - 16】

3　分类

材料按公称硬度分为 5 类，见表 1。

表 1　硬度分类

硬度级别	50	60	70	80	90
公称硬度范围	45～55	56～65	66～75	76～85	86～95

［选自 GB/T 23658—2009《弹性体密封圈　输送气体燃料和烃类液体的管道和配件用密封圈的材料要求》，做了适当改动］

【示例 4 - 17】

4　产品分类和命名

根据结构与组成、燃放运动轨迹及燃放效果，烟花爆竹产品分为 9 个大类，如表 1 所示。

表 1　烟花爆竹产品类别

类目和/或项目名称	说明
爆竹类	燃放时主体爆炸但不升空，产生爆炸声音、闪光等效果，以听觉效果为主
黑药型	以黑火药为爆响药
白药型	以高氯酸盐或其他氧化剂并含有金属粉成分为爆响药
喷花类	燃放时以直向喷射火苗、火花、响声为主
地面（水上）型	固定放置在地面（或水面）上燃放

表1（续）

类目和/或项目名称	说明
手持（插入）型	手持或插入某种装置上燃放
……	
玩具类	形式多样、运动范围相对较小的低空产品，燃放时产生火花、烟雾、爆响等效果
模仿型	产品外壳制成各种形状，燃放时或燃放后能模仿所仿造形象或动作
线香型	将烟火药涂敷在金属杆、竹竿、纸条上，或将烟火药包裹在能形成现状可燃的载体内，燃烧时产生声、光、色、形效果
烟雾型	燃放时以产生烟雾效果为主
摩擦型	用撞击、摩擦等方式直接引燃引爆为主
……	……

［选自 GB 10631—2013《烟花爆竹 安全与质量》，做了适当改动］

（3）命名的编写

命名是对具体类目和项目给予名称。对划分出的每个层级的层级统称进行命名可以得到类目名称。随着不同领域的理论研究与实践发展，各个领域分类所划分出的类目的命名方法呈现一定的规律性。例如，在生物学领域，以生物性状差异的程度和亲缘关系的远近为依据进行分类，划分出的类目，通常采用"……界""……门""……纲""……目""……科""……属""……种"等作为类目名称。在机械领域，通常以结构、模式、形状等为依据分类，所划分出的类目通常采用"……型""……类""……级"等作为类目名称。"型"反映同类项目在结构、模式、形状或其他技术状态上存在的差异，"类"是"型"的进一步划分、补充，它反映在"技术特征"上存在的差异，"级"反映含量多少、性能高低等方面的差异。

对每个层级内具体个体进行命名，可以得到项目名称，项目名称具有唯一性。项目名称通常包含上位类的类目名称。

（4）编码的编写

编码是对产品分类结果赋予代码的过程。代码是分类结果的一种表现形式。在编写产品标准时，如果需要对分类的结果进行编码，通常要给出编码方法以及表示编码结果的字符。这些字符可以是阿拉伯数字、拉丁字母或它们的组合。编码应充分考虑所划分出的各个类目和/或具体项目的先后次序或关系。示例 4－18 中给出了编码的例子。

【示例 4-18】

4 产品分类和编码

4.1 分类

　　根据平板型太阳能集热器吸热体的：

　　——结构类型分为管板式、翼管式和扁盒式；

　　——流道结构分为栅形和 S 形；

　　——流道材质分为铝、铜和不锈钢；

　　——涂层工艺分为真空镀、电镀和氧化镀；

　　——吸热材料和流道结合方式分为整板式、条带式、格板式。

4.2 编码

　　平板型太阳能集热器吸热体产品编码结构及每个码位所代表的含义如图 1 所示：

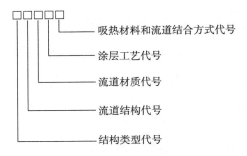

图 1   编码结构图

从左到右每个码位上所使用的代码字符见表 1。

表 1   代码字符

第一位		第二位		第三位		第四位		第五位	
结构类型	代码字符	流道结构	代码字符	流道材质	代码字符	涂层工艺	代码字符	吸热材料和流道结合方式	代码字符
管板式 翼管式 扁盒式	B Y H	栅形 S形	SX S	铝 铜 不锈钢	L T U	真空镀 电镀 氧化镀	Z D Y	整板式 条带式 格板式	Z T G

　　〔选自 GB/T 26974—2011《平板型太阳能集热器吸热体技术要求》，做了适当改动〕

3. 融入要素"技术要求"中的"分类和编码"相关内容的编写

　　当分类的相关内容融入要素"技术要求"中时，建议该章的标题为"分类和技术要求"或"分级和技术要求"。示例 4-19、示例 4-20 和示例 4-21 示出了分类融入技术要求的典型表述方式。

【示例 4 - 19】

3　分级和技术要求

3.1　外观：颜色应为黑色至灰黑色，无外来夹杂物、无结块。

3.2　烟花爆竹用硫化锑依据锑和化合硫含量可分为三个等级：一等品、二等品和合格品。不同等级的烟花爆竹用硫化锑的技术指标应符合表1的规定。

表1　硫化锑的技术指标　　　　　　以％表示

等级	锑含量	化合硫含量	水分	粒度（0.125 mm孔径）筛上物
一等品	≥25	≥20	≤0.8	≤2
二等品	≥18	≥15	≤0.8	≤2
合格品	≥12	≥10	≤0.8	≤2

［选自 GB/T 26197—2010《烟花爆竹用硫化锑》，做了适当改动］

【示例 4 - 20】

4　分类和技术要求

力车内胎按制造所用材料分为两类：A类和B类。A类内胎的制造材料为天然橡胶或以天然橡胶为主，B类内胎的制造材料为丁基橡胶或以丁基橡胶为主。不同类别内胎的技术要求应符合表1的规定。

表1　技术要求

项目	要求		备注
	A类	B类	
规格尺寸	按GB/T 1702、GB/T 7377规定的相应外胎的配套要求		
气门嘴的性能、尺寸	按照HG/T 2942的规定		
外观	厚度、形状均匀，无伤痕、裂口、气泡、海绵状、杂质等缺陷		
气密性	充气至原设计模型断面直径最大值的120％，置于室温下12h，无明显漏气现象		
接头拉伸强度/MPa	＞6.0	＞3.0	
胶座气门嘴底座与胎身的粘合强力/N	＞150		
机床试验里程/km，试验后再测定气密性	2000		外径18及其以下
	3000		外径20～25
			外径26及其以上，名义断面宽37以下
	5000		外径26及其以上，名义断面宽37及其以上

［选自 GB/T 1703—2008《力车内胎》，做了适当改动］

【示例 4 – 21】

> **4　分类和技术要求**
>
> 　　滚筒式干衣机和滚筒式洗衣干衣机按干衣方式分为直排式和冷凝式。滚筒式干衣机和滚筒式洗衣干衣机的耗电量、耗水量、干燥均匀度、凝结效率、噪声应符合表1的要求。
>
> **表1　滚筒式干衣机和滚筒式洗衣干衣机技术要求**
>
> | 产品类别 | 型式 | 耗电量
（kWh/kg） | 耗水量
（L/kg） | 干燥均匀度
（%） | 凝结效率
（%） | 噪声
［dB（A）］ |
> |---|---|---|---|---|---|---|
> | 滚筒式
干衣机 | 直排式 | ≤0.83 | ≤20 | ≤3.9 | ≥80 | ≤69 |
> | | 冷凝式 | ≤0.91 | | ≤4.8 | | |
> | 滚筒式洗衣
干衣机 | 直排式 | ≤1.09 | ≤36 | ≤3.9 | ≥76 | |
> | | 冷凝式 | ≤1.17 | | ≤4.8 | | |

　　　　　　[选自 GB/T 23118—2008《家用和类似用途滚筒式洗衣干衣机技术要求》，做了适当改动]

　　当"分类和编码"融入要素"技术要求"时，如果该领域现行的专门分类标准重点规定"怎么分"，则产品标准中的"分类和编码"应该按照专门的分类标准"怎么分"的规定，结合具体产品，给出相应的产品名称和代码"是什么"。如果该领域现行的专门分类标准重点提供了分出的类别的名称和代码"是什么"，则产品标准中的"分类和编码"应该根据专门分类标准已经给定的名称和代码，结合具体产品对号入座，直接应用就可以了。

　　4. 以单独的部分呈现的"分类和编码"的编写

　　当"分类和编码"作为单独的部分编写时，其技术要素通常包括：分类原则、依据或方法，以及命名、编码等，具体内容的编写应符合 GB/T 20001.3—2015《标准编写规则　第3部分：分类标准》的有关要求。

三、标准化项目标记的编写

　　对于已经制定成标准的标准化项目，为了方便交流，避免冗长的文字描述，在标准编号的基础上前缀描述段、后缀特性段组成标准化项目标记，用来标示标准中具体的标准化项目。标准化项目标记主要用于标准、目录、信函、科技文献或者货物、材料和设备的订单中。标准化项目标记不是商品代码也不是产品代码。

　　（一）标准化项目标记的构成

　　标准化项目标记由"描述段"和"识别段"组成，而"识别段"由"标准代号和顺序号段"和"特性段"组成，如图 4 - 1 所示。

　　当标准中描述的标准化项目只有一种时，可以省略标记体系中的特性段，因为

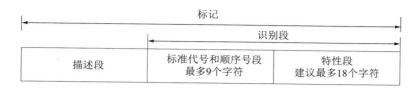

图 4 - 1　标记体系的构成

标准代号和顺序号就可以作为识别的唯一标记。

当标准中描述的标准化项目有两种或两种以上时，在规定标准化项目标记时，需要有特性段。在规定标记体系时，首先对项目进行分类，分类可以是一个层次的，也可以是多个层次的，然后根据项目的特性值赋予不同的字符，这就构成"特性段"。

1. 标记中使用的字符

标记由字符组成，字符是指字母、数字、符号和文字。字符的使用应遵守以下规则：

——字母应使用拉丁字母，在识别段宜用大写字母；

——数字应使用阿拉伯数字；

——符号只准许使用连接号（－）、加号（＋）、斜线（／）、逗号（，）和乘号（×），在数据自动处理时，乘号用"×"。

需要注意的是：在标准化项目标记的字符中没有小数点符号（.）。由于我国标准和 ISO、IEC 标准中表示小数时使用的符号不同，我国标准中使用小数点符号（.），ISO、IEC 标准中使用小数逗点符号（，）。但是我国标准等同采用 ISO、IEC 标准时，需要等同采用 ISO、IEC 标准中的标准化项目标记。考虑到上述情况，为了能够统一使用 ISO、IEC 标准中的标准化项目标记，在形成我国的标准化项目标记时，需要将我国标准条文中的小数点符号（.）改为小数逗点符号（，）。

2. 描述段

描述段的内容应由相应的标准化技术委员会或有关机构负责给出。描述段应尽可能简短，最好选自标准的主题词［即标准的国际分类（ICS）中的主题词］。因为标记中提到了标准代号和顺序号，所以"描述段"是否需要是可以选择的，若使用描述段，应将它放在标准代号和顺序号段之前。

3. 识别段

识别段应能正确无误地标识出标准化项目，它由两段字符组成：

——标准代号和顺序号段，最多由 9 个字符（字母"GB/T"以外最多加 5 个数字）组成；

——特性段（字母、数字、符号），建议最多由 18 个字符组成。

为了区分"标准代号和顺序号段"与"特性段",可在特性段前加一个连接号(-)。

(1) 标准代号和顺序号段

标准代号和顺序号段应尽量简短。若将"GB/T 1"录入计算机,可在标准顺序号前加空格或"0",例如,"GB/T 1"可表示为"GB/T　　1"或"GB/T 00001"。

当标准修订时,如果旧版中包含了标准化项目的标记方法,在规定新版中的标记时不应与旧版的任何标记发生混淆。如果新版中规定的标准化对象的技术内容发生了变化,则在新版中不使用旧版的标记,通常在特性段给出新的特性值即可。因此,不需要在标准代号和顺序号段内插入发布年号。当标准发布修改单时,也应按照上述原则对标准化项目标记作相应的调整。

如果标准分部分出版,则在标准代号和顺序号段之后,用连接号(-)与部分的编号相连,由于标准代号和顺序号已经写满了 9 个字符,因此部分的编号实际上已进入特性段。

(2) 特性段

特性段也应尽量简短,并由编制该标准的标准化技术委员会或有关机构负责确定,以尽可能好的结构形式满足标记的用途。

对于某些化学、塑料和橡胶等制品,虽然经过挑选,可能其标记项的数量仍然不少。为了给每个标记项提供一个明确的编码,特性段可以进一步细分为几个数据段,每个数据段由代码表示特定的信息。这些数据段之间用分隔符(例如连接号)隔开。数据段的含义由它们的相对位置决定,最重要的参数应放在首位。在标注时,可能缺省一个或多个数据段,造成的空位应使用双分隔符标出。

特性段应使用代码表示,代码的含义由标准规定。不应使用文字(例如"羊毛")作为特性段的一部分,因为标准化项目标记如果在国际范围内使用时,文字的含义需要翻译。特性段中应避免使用字母"I"和"O",以免与数字"1"和"0"相混。

如果标准中要求的数据太长(例如:"1 500×1 000×15"包含 12 个字符,尚且只列出了尺寸,还没有规定公差),则可用一个字符的代码或多个字符组成的复合代码表示全部可能的内容(例如:用 A 代表 1 500×1 000×15,用 B 代表 500×2 000×20 等)。

如果一种产品涉及几项标准,则应选择一项标准作为主要标准,并在这个标准中规定该产品的标准化项目标记的组成规则。

示例 4 - 22 示出了通过对用途类型赋予代码避免在特性段中使用文字的做法。

【示例 4 - 22】

8　标记

密封圈的完整标记应包括下列内容:

a) 产品描述:密封圈;

---

b) 标准号：GB/T 23658；

c) 公称尺寸：如 DN 150；

d) 用途类型：如 GB，见表 4；

e) 橡胶种类：NBR。

表 4　按用途和工作温度确定的密封圈的标记

型别	用途	工作温度/℃
GA	气体燃料	−5～+50
GAL	气体燃料	−15～+50
GB	烃类液体和气体燃料	−5～+50
GBL	烃类液体和气体燃料	−15～+50
H	芳香烃液体和含气体浓缩物的气体燃料	−5～+50

示例：密封圈 GB/T 23658 – DN150 – GB – NBR

［选自 GB/T 23658—2009《弹性体密封圈　输送气体燃料和烃类液体的管道和配件用密封圈的材料要求》，做了适当改动］

（二）国际标准化项目标记的采用

在 ISO、IEC 发布的标准中给定的标准化项目标记，适合传递 ISO、IEC 的国际标准化项目的有关信息；在国家标准和行业标准中给定的标准化项目标记，适合传递我国标准中的标准化项目的有关信息。只有在国家标准和行业标准等同采用 ISO、IEC 发布的标准时，上述两个标记才有联系，才能互通信息。

当国家标准或行业标准等同采用规定了国际标准化项目标记体系的 ISO 标准或 IEC 标准时，应使用国际标准化项目标记形成我国的标准化项目标记。具体方法是将国家标准或行业标准的代号和顺序号插入国际标准化项目标记的描述段和 ISO 标准或 IEC 标准代号之间，并加一个分隔符，如示例 4 – 23 所示。

【示例 4 – 23】

5　标记

按本标准制造的定心钻的标记如下：

a) 产品描述：定心钻；

b) 标准编号：GB/T 17112—ISO 10898；

c) 顶角：如 90；

d) 定心钻直径 d（mm）：如 10。

示例：直径 d＝10 mm，顶角为 90°的定心钻表示为：定心钻 GB/T 17112 – ISO 10898 – 90 – 10。

［选自 GB/T 17112—1997《定心钻》，做了适当改动］

　　当国家标准或行业标准与对应的国际标准不等同，但是国家标准或行业标准中的一个特定项目与规定在相应国际标准中的项目完全相同，则允许使用该项目的国际标记。如果一个特定的项目已在国家或行业层面上被标准化，并且该项目与相应的国际标准中的项目相关但不相同，则我国的标准化项目标记不应包含国际标准代号和顺序号。

第四节　标志、标签和随行文件

　　标志、标签和随行文件仅仅用于识别产品和了解产品，它们不是产品的构成部分，但与产品密切相关。请看下面的例子，它虽然不十分贴切，但便于理解。为了区别新生的婴儿：产科护士为每个婴儿系上一个布条（相当于标签）；布条上标注有产妇的床位编号（相当于生产者的代码标志）；出院时，院方会出具新生儿的出生证（相当于一种随行文件）。显然这些都不是婴儿自己带来的，但是这些信息是新生儿出生时形成的。布条用于识别，避免住院期间抱错婴儿，出生证用于证明"我妈是我妈"的最原始的证明文件。

　　标志、标签和随行文件一方面可以为购买方提供产品的购买信息（见 GB/T 21737—2008《为消费者提供商品和服务的购买信息》）；另一方面可以提供与产品运输、贮存、安装和使用等各个环节的重要信息。

　　标志主要指用文字、符号、图形、颜色等标示产品某些特性或要求的各种内容的统称。这些标志通常以产品或产品包装为载体，如需要还会以标签为载体；如要表示的内容较多或有特殊需要时，则常以随行文件作为载体。

　　由于标志、标签和随行文件不是产品的构成部分，因此对于产品标准来说是可选要素。如果有必要，产品标准可纳入相关的内容，特别是涉及消费品的产品标准。

一、标志

　　产品标准中的"标志"主要规定标志的内容以及与标志有关的规定。这些内容与产品的特点和使用方的要求有关，因此，标志的内容有多有少。依据《WTO/TBT 协议》的 2.2 条 各国为实现正当目标："防止欺诈行为"，"保护人身健康或安全"和"保护环境"的目的，可以在技术法规中作出相应的规定要求。由此，加入WTO的各国政府都对产品标志的内容作出要求，其中消费型产品较生产型产品更为严格。因为，生产型产品的订货方具有更多的手段和技术力量，由自己来作出判断；相比之下，购买消费型产品的个体消费者辨别能力和技术手段较弱，需要国家出面保护，以防止欺诈行为。

（一）基本概念

标志在我国也是作为"防止欺诈行为"的重要手段，是在产品流通领域中重点监督检查的项目。对于标志的内容要求，主要来源于有关的法律、法规、强制性国家标准等。

1. 强制性文件有关标志的规定

在我国有关产品标志的规定主要来自以下强制性文件。

（1）法律

2000 年我国发布了《中华人民共和国产品质量法》（以下简称《产品质量法》），其中第二十七条、第二十八条规定：

"第二十七条 产品或者其包装上的标识必须真实，并符合下列要求：

（一）有产品质量检验合格证明；

（二）有中文标明的产品名称、生产厂厂名和厂址；

（三）根据产品的特点和使用要求，需要标明产品规格、等级、所含主要成分的名称和含量的，用中文相应予以标明；需要事先让消费者知晓的，应当在外包装上标明，或者预先向消费者提供有关资料；

（四）限期使用的产品，应当在显著位置清晰地标明生产日期和安全使用期或者失效日期；

（五）使用不当，容易造成产品本身损坏或者可能危及人身、财产安全的产品，应当有警示标志或者中文警示说明。

裸装的食品和其他根据产品的特点难以附加标识的裸装产品，可以不附加产品标识。

第二十八条 易碎、易燃、易爆、有毒、有腐蚀性、有放射性等危险物品以及储运中不能倒置和其他有特殊要求的产品，其包装质量必须符合相应要求，按照国家有关规定作出警示标志或者中文警示说明，标明储运注意事项。"

注 1：根据语言文字规范 GF 1001—2001《第一批异形词整理表》界定"标志"与"标识"是通用的异形词，"标志"在前，"标识"在后。上面列出的 2000 年发布《产品质量法》，是在《第一批异形词整理表》之前，其中第二十七条中使用的标识，强调的是文字内容，涉及面比较宽；在第二十七，二十八条中使用的标志，强调的是图形符号中的标志。使用时，"警示标志或者中文警示说明"并列，说明此标志专指图形标志中的标志。GB/T 20001.10—2014《标准编写规则 第 10 部分：产品标准》6.9 中的标志，是根据《第一批异形词整理表》的规定，采用异形词的首选词标志（前者）确定的，表达的内容与《产品质量法》第二十七条的内容是一致的。

注 2：第二十七条的要求是通过"有""标明""提供"等列出标识（标志）需要的内容是什么。第二十八条是说警示内容可以是图形标志或文字说明。

（2）法规

1990 年 4 月国务院发布了《中华人民共和国标准化法实施条例》，其中第二十四条规定：“企业生产执行国家标准、行业标准、地方标准或企业标准，应当在产品或其说明书、包装物上标注所执行标准的代号、编号、名称。”

（3）强制性国家标准

如 GB 15346—2012《化学试剂 包装及标志》、GB 10648—2011《饲料标签》等。

可见，在产品标准中关于标志的内容，应该执行国家有关的强制性文件的规定。

2. 标志的内容

在产品标准中，规定的标志内容通常包括：

——产品生产厂、经销商的信息；

——产品名称、型号、规格的信息；

——产品执行标准的信息；

——产品正确使用的信息；

——产品安全使用的信息；

——产品装卸、贮存、运输的信息。

产品标准中不应涉及认证标志。虽然各种认证标志也在产品或包装上标注，但是这些标志是属于认证机构的，是有知识产权的，不是产品标准应该要求的内容，不应在产品标准中涉及这些认证标志，如 3C 标志。只有具体的企业生产的产品，通过认证机构证实满足了规定要求，经认证机构授权，该企业才能在其对应的产品上，在规定的期限内使用相应的认证标志。

（二）产品标准中的标志如何编写

正如前文（一）中所述，在我国的法律、法规及相应强制性标准中都对产品标志作出了相关规定。

在编写产品标准，尤其是公开发布的推荐性国家标准、行业标准或地方标准时，如果需要规定的标志的内容均被强制性文件的规定所覆盖，通常无需再做规定。如确有必要可以使用陈述型条款资料性地提示相关强制性文件存在的事实（属于一种友情提示），如“有关化学试剂标志的要求见 GB 15346 的规定”；而不应采用要求型条款直接引用相关的强制性文件，如“化学试剂的标志应符合 GB 15346 的规定”。这是因为强制性文件的执行，不取决于是否被推荐性标准所引用；换句话说，无论推荐性标准是否引用了强制性文件，这些文件都会被强制执行的。

如果标准中需要涉及的内容，在强制性文件中没有涉及，则标准中可以作出规定。通常标准中规定标志所包含的内容，以及与这些内容有关的规定，如标注的方法、标志的形式、位置等。产品标准中标志通常涉及以下内容。

1. 生产厂、经销商的信息

生产厂、经销商（含委托方、被委托方）的信息包括厂名、地址、邮政编码、服务热线电话、传真号码、网址等。

2. 产品名称、型号、规格的信息

产品名称的信息包括产品名称（含国家标准、行业标准规定的名称）、商品名、常用名、商标名称等。

产品型号、规格的信息包括种类、型式、号码、尺寸、吨位、载重、排水量等。

3. 产品执行标准的信息

产品执行标准的信息，是在产品或包装上标注产品所符合的产品标准的标准编号。

企业在产品标志中声明符合：本企业的产品标准，我国的国家标准、行业标准、地方标准或 ISO/IEC 标准，是允许的。

如果想声明符合国外的标准，需要取得标准发布机构的授权（如，我国生产的石油钻探设备想声明符合 API 标准，需要通过美国石油学会的认证合格和授权才行）。

4. 产品正确使用的信息

产品正确使用的信息以产品为核心，主要是为了指导用户充分发挥产品的设计功能。需要时，针对每种功能都可以给出操作步骤。其次，可避免不正常操作引起对产品的损害，可给出中止的措施。

限期使用的产品需要标注生产日期、有效期、最佳期限等。

5. 产品安全使用的信息

产品安全使用的信息以人和环境为核心，主要是指出错误操作可能引发的危及人身或环境的风险，以及事故发生后，采取的应急措施。可在产品或包装上，以明显的方式给出警示说明或警示标志。

6. 产品装卸、贮存、运输的信息

产品装卸、贮存、运输的信息主要标注在运输包装上，目的是提醒相关人员注意轻拿轻放、请勿倒置、防雨防潮、防辐射、防电磁等警示说明或警示标志。

上述内容并非在所有产品标准中都需要作出规定。具体产品标准中有关标志所规定的内容需根据产品的特点、使用要求，以及强制性文件相关规定的综合情况进行确定。

【示例 4 - 24】

7　标志

7.1　每一种防护服都应有标志。标志应：

　　——附在产品或产品的标签上；

　　——固定在清晰易读的地方；

　　——能够经受适当次数的清洁。

　　如果产品上的标志会降低防护服的性能等级，不利于保存或妨碍应用，则标志应设在最小的商品包装单元上。

　　标志和图形符号宜简单易懂，并使用易读的数字。

7.2　标志应包括以下信息：

　　a）生产厂名、商标或其他表明生产厂商或经销商的标志；

　　b）产品或基本材料的类型以及商品名称或代码；

　　c）按照 GB/T 13640—1992 规定的尺寸标注；

　　d）执行的标准号；

　　e）图形符号，如必要，可包括性能等级。

　　……

　　[选自 GB/T 20097—2006《防护服　一般要求》[①]，做了适当改动]

二、标签

　　当标志的内容在产品或包装上能够布置时，在产品标准中就不需要设置"标签"。当标志的内容在产品或包装上无法布置时，在产品标准中可能需要设置"标签"。因此，标签在产品标准中是可选要素。

（一）基本概念

　　简明的标志内容使用标签作为载体。所有的标签都应该与产品系挂或粘贴在一起。

　　标签是产品标志的载体之一。如果产品标志需要以标签作为载体，则产品标准中可作出相关规定。

　　然而，国内有些行业习惯把"标志、标签"统称为"标签"。如新修订的《中华人民共和国种子法》（2015 年 11 月 4 日通过）第四十一条规定"销售的种子应当……附有标签和使用说明。"其中的"标签"就包含了 GB/T 20001.10 中标志的内容。这是不同行业的不同习惯造成的结果，是一种约定俗成的称谓。在不同行业中自己使用是没有问题的。在阅读 GB/T 20001.10 和本书的时候，注意区别，不要混淆。

（二）产品标准中的标签如何编写

　　当产品标准规定标签的内容时，通常标签与标志共用一个标题，然后分条陈述。

---

　　①　按照本书的阐述，标准名称改为《防护服　技术要求》更加准确。

当产品标准中需要规定的"标签"已有强制性标准的规定时，仅采用资料性提示的方式即可。例如氰化钾的产品标准中涉及"标签"时用"化学品安全标签的编写见 GB 15258 的规定"。

对于非强制性标签的编写内容，重点描述标签自身的特征。可包含以下内容。

1. 材质

通常规定标签使用的材料，如金属、纸质、织物、塑料等。不同行业有不同的选择，如机械行业多选金属标牌，服装行业多选纸质吊牌或缝制在服装上耐洗涤的织物标签等。

2. 尺寸

根据需要给出标签的尺寸和形状。

3. 数量

规定需要使用标签的数量。通常根据内容的篇幅多少，篇幅大时可规定分成几个标签来记载。如服装上的纸质吊牌，通常有几个，分别记载生产厂信息、产品型号等。

4. 记载的内容

规定标签的内容，首先要保证：产品名称、生产者名称，型号、规格，材料成分，使用注意事项，安全注意事项等内容。

有些不容易用文字表达的内容，可以规定用实物样品代替。例如，手提包的皮革面料，因为有衬里不能拆开查验，又不易用文字描述，在产品标准中可规定取一块与皮革面料相同的边角余料，代替文字说明，与吊牌挂在一起。

5. 制作要求

根据材质不同，规定制作的方法。如纸质标签是单面印刷，还是双面印刷等。

标准中往往规定制作的质量，如要求标示的内容清晰易辨认、耐用不退颜色或不易磨损、拴系连接方便可靠、粘贴牢固等。

6. 系挂、粘贴方式

根据行业习惯，推荐常用的系挂、粘贴方式，提出系挂、粘贴要求。

7. 系挂、粘贴在产品上的部位

需要时，宜明确标签系挂、粘贴在产品的什么部位。

【示例 4 - 25】

---

9 标签

9.1 一般规定

在每个内包装容器及其避光层、中包装容器上应粘贴产品标签。外包装容器如为纸箱（盒），可粘贴产品标签代替部分外包装标志的内容。

9.2 标签内容

标签内容通常包括：

a) 品名（中、英文）；

b) 化学式或示性式；

c) 相对原子质量或相对分子质量；

……

9.3 标签尺寸

标签的尺寸应与包装容器相匹配，不得过大或过小。

9.4 标签颜色

应按表 7 规定的标签颜色标记化学试剂的级别。

表 7

序号	级别		颜色
1	通用试剂	优级纯	深绿色
		分析纯	金光红色
		化学纯	中蓝色
2	基准试剂		深绿色
3	生物染色剂		玫红色

〔选自 GB 15346—2012《化学试剂　包装及标志》，做了适当改动〕

三、随行文件

随行文件是一个统称，有法律规定需要提供的，生产厂主动提供的，使用方要求提供的各类文件。有的装在包装箱内，有的装在包装箱外。随着互联网的发展，有些随行文件已经挂在生产厂的官方网站上，不再提供，供需要者自己去查阅。

（一）基本概念

随行文件是标志内容的载体之一，简明的标志内容使用标签作为载体；全面详细的产品信息（包括标志内容）使用不同的随行文件作为载体。

随行文件是随产品一起交付给产品使用者的文件。当标志的内容较多、篇幅较大，在标签、包装上放不下，或某些内容在产品的全生命周期中可能需要查阅时，宜做成单独的文件（如，单页或小册子等）随产品一起交付。这类随产品一起交付的文件统称为随行文件。有的随行文件需要在签订的合同中明文规定，作为无形产品交付。

随行文件可包括：

——产品装箱清单；

——产品合格证、重要性能测试报告；

——产品装配、安装说明；

——产品结构说明书；

——产品正常使用、维护说明书；

——产品安全使用、紧急处理说明书等。

（二）产品标准中的随行文件如何编写

如果产品交付时，需要随行文件，则在产品标准编写的随行文件标题下列出需要提交的文件清单。如果需要对随行文件的编写进行规定，则在产品标准中可提出相关要求。

在做具体规定前，首先要查找是否已有相应的国家标准或行业标准：

如有现行适用的标准，则应采取引用的方式。例如，与氰化钾有关的产品标准中涉及化学品安全技术说明书时可表述为："化学品安全技术说明书的编写应符合 GB/T 16483 的规定"。

如涉及强制性标准，则应采取资料性提及的方式。例如，与洗衣机相关的产品标准中涉及产品使用说明时可表述为："产品使用说明的相关规定见 GB 5296.2"。

【示例 4－26】

7.2　使用说明书

7.2.1　使用说明书应符合 GB/T 9969 和 GB/T 15706.2—2007 中 6.5 的规定。

7.2.2　使用说明书还应包括下列资料：

　　a）压力机主要技术参数；

　　b）压力机符合的标准；

　　c）压力容器技术制造文件、测试报告及合格证；

　　d）安全运输、拆装说明（地面条件、服务、减压垫、搬运条件等）；

　　……

［选自 GB 27607—2011《机械压力机　安全技术要求》］

第五节　包装、运输和贮存

包装、运输和贮存，严格说它们不是产品的组成部分。因此，在产品标准中是可选要素。如果有必要，产品标准可纳入相关内容，也可将有关内容编入附录中。

一、包装

包装是产品与环境之间的"防火墙"，既避免环境对产品的损害，又避免产品对环境的损害，具有双向的保护作用。

产品标准中的包装主要是指运输包装，即产品使用前拆除、弃去的包裹物，还可能涉及产品装箱过程或包装件的要求，但不包括随行包装，如，装盛酱油的酱油瓶，另配的照相机套等。

（一）基本情况

包装本身就是一个行业，包装行业具有完整的包装标准体系，涉及的包装材料、包装箱（袋）、包装件试验项目以及相应的试验方法等一系列标准。编写产品标准时，可根据需要尽可能引用已发布的标准。如果标准所涉及的产品在运输和贮存中对包装没有特殊要求时，则在产品标准中可以不包含"包装"的内容。

（二）产品标准中的包装如何编写

产品标准中的包装内容，一般分为：

1. 包装准备

包装准备的内容包括对包装材料的要求和产品包装前的清理封存要求。

包装材料包括常用的包裹材料，填充物，包装箱、包装袋、包装桶等，以及特殊的防潮、防雨、防磁、防辐射等的隔离材料。这些材料通常都有现成的国家标准或行业标准可以引用，没有可以引用的标准时，需要规定这些材料的技术要求。

清理封存包括清洗、干燥、油封、塑封、缓蚀处理等作业要求。这些要求通常都有现成的国家标准或行业标准可以引用，没有可以引用的标准时，需要规定这些作业的技术要求。

2. 装箱

经过封存处理的产品，在包装箱中安放状态有特别要求的，需要明确提出具体的要求。如果没有特殊要求，一般的装箱要求就是码放整齐、卡紧，防止松动。

3. 包装件试验

包装件是指装箱后，"产品和包装之和"的称谓。

包装件通常进行的主要试验项目是从不同角度、不同高度下的跌落试验。

进行跌落试验是考核包装设计是否可靠。对于易碎、易损坏的产品是为了保护产品，对于有毒、有害产品是为了保护环境，防止污染。

需要时，应明确包装件试验项目和试验条件。

4. 包装标志

包装标志与上一节的产品标志在内容上有重叠。这里的包装标志强调的是运输包装上的标志。除了生产厂名、产品名称之外，包装标志还包括：

——包装运输的图形符号；

——危险品、爆炸品、剧毒品的图形符号；

——收发货信息；

——起吊、开箱部位指示标志；

——附在包装箱外的随行文件等。

5. 引用包装标准

在编写产品标准必要的包装内容时，如果已有现行适用的包装标准，应该采取引用的方式。

【示例 4 - 27】

> **7.2　包装**
>
> 　　工业用合成盐酸用塑料桶或陶瓷坛包装时，其注料口应盖好。陶瓷坛密封，装入木箱中，箱口应高于注料口至少 20 mm。
>
> 　　工业用合成盐酸用专用槽车或贮槽包装应加密封盖。

［选自 GB 320—2006《工业用合成盐酸》］

【示例 4 - 28】

> **7.1　包装**
>
> 　　整粒白胡椒和白胡椒粉应使用密封、清洁、无毒和完好，且不影响胡椒质量的包装材料包装。

［选自 GB/T 7900—2008《白胡椒》］

二、运输

运输通常指行程在 30 m 以上的长距离运送，30 m 以内属于搬运作业。

（一）基本情况

运输是物流行业的重要组成部分，随着物流行业的快速发展，把运输委托给物流企业，能得到更全面、更专业的解决方案。如果包装设计可靠，且无其他对运输的特殊要求，则在产品标准中可以不包含"运输"的内容。

（二）产品标准中的运输如何编写

在产品标准中，规定运输要求时，通常包括如下内容：

1. 运输方式

需要时，指明铁路、公路、水路、航空等运输工具；指明集装工具，托盘、集装箱等。

2. 运输环境条件

需要时，指明运输时的要求，例如密封、保温，冷链运输的温度范围等。

3. 运输混装条件

需要时，指明产品不得与其他产品混装的要求。

4. 运输的特殊要求

需要时，指明装、卸、运方面的特殊要求，以及运输危险物品的防护条件等。

5. 引用物流行业标准

对于各类产品的运输作业要求，物流行业标准更专业、更具体。需要时，可引用物流行业标准。

【示例 4 – 29】

7.3　运输 　　产品在运输中应注意防水、防潮，不得与氧化剂混运。

［选自 GB/T 26197—2010《烟花爆竹用硫化锑》，做了适当改动］

【示例 4 – 30】

7.2　运输 　　白胡椒在运输中应避免雨淋、日晒。不得与有毒、有害、有异味的物品混运。不准许使用受污染的运输工具运输。

［选自 GB/T 7900—2008《白胡椒》，做了适当改动］

三、贮存

贮存是产品出厂到使用之前的等待过程。有些产品在贮存过程中由于老化、挥发、时效、氧化、成膜、分层、结块、开胶等保管不当的原因，失去了原有的性能。如果有必要通过贮存中特殊的要求，保持产品出厂时的性能，则可在产品标准中规定贮存要求。

（一）基本情况

贮存属于新兴的物流行业的仓储业务，目前市场上许多产品的贮存，均可委托专业的库房进行贮存保管。而且产品出库需要运输配合，实际上就是物流行业的配送业务。如果标准所涉及的产品对贮存没有特殊要求时，则在产品标准中可以不包含"贮存"的内容。

（二）产品标准中的贮存如何编写

在产品标准中，规定贮存要求时，根据需要可包括如下内容：

1. 贮存场所

指明贮存地点：如库房、大棚、露天等。

2. 贮存环境条件

指明贮存环境条件：如通风、换气、降温、供暖、温度、湿度、充惰性气体等。

3. 贮存方式

指明贮存方式：如底层架空、堆码高度、码堆间距、单独存放、混存条件等。

4. 贮存管理

指明贮存管理：如先进先出、倒库频率等。

5. 贮存期限

指明贮存期限：如有效期、贮存期，贮存期限内定期检查、维护的要求、防护措施等。

6. 引用物流行业标准

对于各类产品的运输仓储作业要求，物流行业标准更专业、更具体。需要时，可引用物流行业标准。

【示例 4 - 31】

7.3　储存与运输

7.3.1　经包装的机柜应贮存于仓库中，仓库应有良好的通风，室内温度为−10 ℃～+40 ℃、相对湿度不大于 75%，空气中酸性、碱性或其他有害气体应符合 GB/T 4798.1—2005 表 5 中等级 1C2 的规定。需要防潮的包装件应放在离地面 30 cm 以上，距墙壁 40 cm 以远的料架上。自包装之日起包装有效期不得低于 2 年。

［选自 28571.1—2012《电信设备机柜　第 1 部分：总规范》］

【示例 4 - 32】

7.3　贮存

　　白胡椒应存放在通风、干燥的库房中，地面应有垫仓板并能防虫、防鼠。堆垛要整齐，堆间应有适当的通道以利于通风。白胡椒不得与有毒、有害、有异味的物品混放。

［选自 GB/T 7900—2008《白胡椒》，做了适当改动］

【示例 4 - 33】

附录 B

（资料性附录）

密封圈的贮存指南

密封圈的贮存需要注意以下几点：

——温度一般低于 25 ℃，宜低于 15 ℃；

——宜避光贮存，不宜阳光直射；

——贮存房间不宜存在有可能产生臭氧的设备，如汞蒸汽灯；

——密封圈宜以无拉伸、无压缩或不产生变形的松弛方式存放，如不宜以悬挂方式存放；

——存放环境宜保持清洁。

　　〔选自 GB/T 23658—2009《弹性体密封圈　输送气体燃料和烃类液体的管道和配件用密封圈的材料要求》，做了适当改动〕

第五章　产品标准的通用要素的编写

本书的第三章和第四章阐述了如何编写产品标准的技术要素。技术要素的编写完成意味着确立条款的工作基本完成。为了保证标准的适用性，还需要编写标准的通用要素。按照第二章第一节对标准要素的分类，通用要素包括所有规范性一般要素和资料性要素。通用要素的编写有一个共同的特点，即其内容都是源自技术要素的，也就是说只有技术要素编写完毕，才能在此基础上，梳理形成通用要素。

本章将按照通用要素的编写顺序，首先讲解规范性一般要素的编写，进而阐述资料性要素的编写，从而指导大家编写完成产品标准草案。

第一节　规范性一般要素的编写

完成产品标准技术要素的编写之后，就要着手编写规范性一般要素，包括标准名称、范围、规范性引用文件。标准名称、范围是必备要素，在对标准化对象、标准的使用者以及标准的编制目的进行分析确定之后，标准名称、范围就可以初步拟定。在完成产品标准的技术要素的编写之后，需要依据标准的具体技术内容，对标准名称、范围进一步完善或调整。对于规范性引用文件这一要素，要根据标准中的技术要素是否规范性引用了其他文件来决定取舍，其他两个要素是必备要素，其内容也需要依据技术要素的相关内容来编写。

一、标准名称

标准名称是标准的规范性一般要素，同时又是一个必备要素。每一项标准都应有标准名称。它应置于范围之前，并在标准的封面中标示。

标准名称的功能是明示标准的主题，使之与其他标准相区分。标准名称应传达标准所规范的核心信息，包括标准化的对象及涉及的各方面或标准中规定的主要内容。它是标准使用者检索、使用标准最简捷、直接的信息来源。因此标准名称的准确、清晰十分重要。

（一）标准名称的构成要素及各要素的选择

由于标准名称需在简练的基础上准确地表述标准所规范的核心信息，所以需要由具备各自功能的构成要素组成。

1. 标准名称的构成要素

标准名称由几个尽可能简短的要素组成。通常所使用的要素不多于三个，在标准名称中这三个要素的顺序按照由一般到特殊排列，即引导要素＋主体要素＋补充要素。

引导要素表示标准所属的领域。如果标准有归口的标准化技术委员会，则可用技术委员会的名称作为依据编写标准名称的引导要素。引导要素是一个可选要素，可根据具体情况决定标准名称中是否有引导要素。对于产品标准，引导要素即是产品所属的领域。

主体要素表示在上述领域内所涉及的主要对象。它是一个必备要素，即在标准名称中一定要有主体要素。对于产品标准，主体要素就是标准化对象——产品，通常可用产品名称作为主体要素。

补充要素表示上述主要对象的特定方面，或给出区分该标准（或部分）与其他标准（或其他部分）的细节。对于单独的标准，标准名称中的补充要素是可选要素，即它是可酌情取舍的。然而，对于分成部分出版的标准的各个部分，名称中补充要素是一个必备要素。对于产品标准，根据具体情况，补充要素常常可选择"××××要求""××××技术要求""××××规范"等［见下文的（二）］。

示例5-1是典型的三段式标准名称。

【示例5-1】

```
    叉车    钩式叉臂    词汇
```

2. 标准名称中各要素的选择

在编写标准名称时，只有准确选择并恰当组合标准名称的三个要素，才能确切地表述标准的主题。

在标准名称的三个要素中，主体要素是必不可少的。对于产品标准来说，主体要素"产品名称"在任何情况下都不应省略，而引导要素和补充要素是否存在则应视具体情况而定。

引导要素用来明确标准化对象所属的专业领域。如果标准名称中没有引导要素会导致主体要素所表示的标准化对象——产品不明确时，就应有引导要素（参见示例5-2）；如果标准名称的主体要素（或主体要素和补充要素一起）能够确切地概括标准所涉及的对象——产品时，就应省略引导要素（参见示例5-3）。

【示例5-2】

```
    正   确：农业机械和设备    散装物料机械    装载尺寸
    不正确：            散装物料机械    装载尺寸
```

【示例 5 - 3】

正　　确：	散装牛奶冷藏罐　技术规范
不正确：畜牧机械与设备　散装牛奶冷藏罐　技术规范	

补充要素用来表示标准化对象的特定方面。如果标准所规定的内容仅涉及了主体要素所表示的标准化对象的一两个方面，则需要用补充要素进一步指出涉及的具体方面（参见示例 5 - 4）。如果标准所规定的内容涉及了主体要素所表示的标准化对象的几个（不是一两个，但也不是全部）方面，则需要用补充要素进行描述。在这种情况下，不必在补充要素中一一列举这些方面，而应由诸如"规范"或"技术规范"等一般性的术语来表达（参见示例 5 - 5）。如果标准所规定的内容同时具备两个条件，则应省略补充要素：第一，涉及主体要素所表示的标准化对象的所有基本方面；第二，是有关该标准化对象的唯一标准（今后仍打算继续保持唯一标准这种状态）（参见示例 5 - 6）。

【示例 5 - 4】

工业车辆　电气要求

【示例 5 - 5】

液压挖掘机　规范
电器设备　　安全技术规范

【示例 5 - 6】

正　　确：咖啡研磨机
不正确：咖啡研磨机　术语、符号、材料、尺寸、机械性能、额定值、试验方法、包装

（二）产品标准的标准名称的表述

为了使得标准名称更好地反映标准的内容，在遵守 GB/T 1.1 规定的基础上，有必要根据产品标准的特点进一步规范产品标准的标准名称。

对应标准名称的三要素"引导要素＋主体要素＋补充要素"，产品标准的标准名称的三要素的构成和排列通常为：产品所属的领域＋产品＋技术要求的特定内容/产品的特定方面。

在选择产品标准的标准名称的补充要素时，对于不同的产品标准类型［见第一章第一节"四"中的（二）］应该按照下面给出的规则选用相应的补充要素。对产品标准中技术要素特定内容的分析，可以决定补充要素的取舍以及补充要素中"用语"的选择。

1. 用具体的一两项"要求"作为补充要素

对于技术要求类产品标准，如果标准中只规定了某一两类技术要求，如尺寸要求或接口要求，应在标准名称中直接指出这些具体要求。

【示例 5 - 7】

工业车辆　电气要求

劳动防护服　防寒保暖要求

服装　防雨性能要求

电阻焊机　机械和电气要求

塔式起重机　稳定性要求

无极荧光灯　安全要求

滚动轴承　推力球轴承　外形尺寸

船用导航雷达　接口要求

2. 用"技术要求"作为补充要素

对于技术要求类产品标准，如果标准中包含了针对两个以上的多个目的（见第二章第二节的"三"）的两类以上的技术要求（如使用性能、理化性能、人类工效性能、环境适应性等，见第三章第二节），应使用"技术要求"作为标准名称的补充要素。

【示例 5 - 8】

回转容积泵　技术要求

旋转割草机刀片　技术要求

3. 用"规范"或"技术规范"作为补充要素

对于规范类产品标准，只要标准中包括了"技术要求"和"试验方法"这两个技术要素，不论是否还包括了"分类、标记和编码，取样，检验规则，标志、标签和随行文件"中的部分技术要素，都应使用"技术规范"或"……规范"作为标准名称的补充要素。当标准中包含了一两项要求及对应的试验方法，可用具体的"……规范"作为补充要素，如"接口规范""电气规范""人类工效性能规范""安全规范""卫生规范"等；当标准中包含了针对两个以上的多个目的要求及对应的试验方法，建议使用"技术规范"作为补充要素。

【示例 5 - 9】

独立光伏系统　技术规范

皮革　山羊蓝湿革　规范

4. 用产品名称作为标准名称

对于完整的产品标准，即在要素"技术要求"中规定了满足适用性的技术要求，并且还包含了"分类、标记和编码，试验方法，标志、标签和随行文件"等技术要素，可用产品名称作为标准名称。

【示例 5 - 10】

> 履带起重机
>
> 电气控制设备
>
> 工业硝酸钠
>
> 地坪涂装材料

5. 用"总规范""通用要求"作为补充要素

对于通用类产品标准，标准中规定的技术内容是供一类或多种产品共同使用的"技术规范"或"要求"等，可使用"总规范"或"通用技术规范"，"通用要求"等作为标准名称的补充要素。这些供一类或多种产品共同使用的"规范"或"要求"经常会作为分成多个部分的标准的第 1 部分。

【示例 5 - 11】

> 光纤光缆连接器　第 1 部分：总规范
>
> 电子和通信设备用变压器和电感器　第 1 部分：通用规范
>
> 高压机柜　通用技术规范
>
> 农业灌溉设备　灌溉阀　第 1 部分：通用要求
>
> 饲料添加剂　调味剂　通用要求
>
> 轻型燃气轮机　通用技术要求

（三）编写产品标准名称需注意的问题

产品标准名称的命名是否准确，将直接影响标准的检索和使用。在编写产品标准的名称时应注意以下问题。

1. 注意准确使用相关术语

目前我国的产品标准的名称中使用频率较高的术语有：要求、技术要求、规范、技术规范等。但是标准名称中这些术语的使用十分混乱。标准名称应该能够清晰地反映标准的技术内容，如果在标准名称中不能准确地使用术语，则达不到准确反映标准内容的目的。

正如前文（二）中"1.""2."所阐述的，对于技术要求类产品标准，如果标准中包含了多于两类的要求，我们在标准名称中使用"技术要求"这一术语；如果标准中仅包含一两类要求，则在标准名称中要指出包含的要求的种类，使用"……要求"，而不是用"技术要求"。大家知道，产品标准的核心技术要素为"技术要求"，因此标准名称要对包含的技术要求种类的多少予以反映，通过使用不同的术语，能够达到标准名称准确反映标准内容的目的。

产品标准中除了"技术要求"这一核心要素之外，还有其他技术要素，如果标准包含了"试验方法"这一要素（当然还可以包含其他技术要素），则该标准属于"规范类产品标准"［见第一章第一节"四"中的（二）］。这种情况下，根据标准中包含的要求及对应的试验方法的数量，在名称中选择使用"……规范"或"技术规范"达到准确反映标准技术内容的目的［见前文（二）中的"3."］。

2. 谨慎使用产品名称作为标准名称

如果仅使用产品名称作为标准名称而没有补充要素时，需要符合前面讲到的条件，即"规定了满足适用性的全部技术要求，并且包含了"分类、标记和编码，试验方法，标志、标签和随行文件"等技术要素。如果没有满足这一条件，标准名称不应仅包含产品名称。

以 GB/T 17112—1997《定心钻》为例。该标准规定了定心钻的尺寸、沟槽分度误差、工作部分对柄部轴线的径向圆跳动等技术要求，以及标记的内容，并没有包含与定心钻相关的所有技术要求和技术要素，因此不应将产品名称作为标准名称。通过分析标准中包含的技术要素及技术要求的内容，该标准应该属于"技术要求类产品标准"［见第一章第一节"四"中的（二）］，标准名称应修改为《定心钻　技术要求》。

3. 避免扩大标准涉及的范围

标准名称中必要的要素不应省略，以免无意间扩大标准的范围，出现"大帽子、小内容"的错误，造成标准使用的混乱。

以 GB/T 2822—2005《标准尺寸》为例。从标准名称上看该标准的适用范围很广，感觉它是一个与所有尺寸有关的标准，然而实际上不是这样。从该标准范围的陈述中就能发现该标准名称的问题。该标准的范围为："本标准规定了 0.01 mm～20 000 mm 范围内机械制造业中常用的标准尺寸（直径、长度、高度等）系列。"该标准实际的技术要素与范围的表述也是一致的。可见该标准是对机械制造中用到的尺寸作出规定。因此该标准名称是典型的"大帽子、小内容"，它省略了名称中不该省略的内容，如果把标准名称修改为《机械制造　常规用尺寸系列》将更加合适。

4. 避免缩小标准涉及的范围

在产品标准名称中不应含有任何不必要的细节，以免无意中缩小了标准本来涉及的范围，造成"小帽子、大内容"的错误。

以 GB/T 26974—2011《平板型太阳能集热器吸热体技术要求》为例。该标准的标准化对象为平板型太阳能集热器吸热体，"吸热体"可以说是一个大部件，标准属于"零部件标准"。标准的技术要素包括了：术语和定义，产品分类与标记，外形尺寸，技术要求，试验方法，检验规则，标志、包装、运输、贮存，检验报告等。可见该标准包含的技术要素已经符合可以直接用产品的名称作为标准名称的条件，因此，应该在标准名称中删去"技术要求"，以免使读者误以为标准中只规定了要素"技术要求"的内容。

二、范围

范围是标准的规范性一般要素，同时也是一个必备要素。每一项标准都应有范围，并且应位于标准正文的起始位置，它永远是标准的"第1章"。

范围是快速了解标准的主要内容和适用范围的要素之一，它将起到标准的内容提要的功能。范围的功能是清晰地划定标准的界限，包括标准化对象、标准的使用者及应用领域等。标准使用者通过标准名称初步检索到一项可能需要的标准后，如果还要快速了解更多的与标准内容相关的信息时，就需要查看范围。范围将起到在标准名称之外提供标准的进一步信息的作用。

（一）范围包含的内容及其表述

范围包含的内容与清晰划定标准的界限紧密相关。范围内容表述的规范化能够更加准确地反映标准包含的主要内容。

1. 范围包含的内容

范围通常包括两部分的内容：第一部分阐述标准中"有什么内容"，即标准针对的标准化对象以及涉及的主要技术内容；第二部分阐述这些内容"有什么用"，也就是说，要陈述标准技术内容的适用范围。

在编写第一部分的内容时要"前后照应"。"前"是指要考虑到范围之前的标准名称中的内容，首先做到"不拆台"，标准名称中有的内容，在范围的表述中一定要有，不能遗漏；其次要"补台"，标准名称受字数限制无法或不便包含的详细内容，在范围中一定要补全，尽可能提供标准名称之外的必要信息。这些信息的具体内容是通过对"后"的照应来实现的，要对范围之"后"的规范性技术要素的内容进行高度概括，将其内容恰当地、有机地组织到范围中，以此补充标准名称中无法涉及的必要内容。这一部分的内容通常在范围的第一段中给出。

在编写第二部分的内容时需要指出标准中的规定有什么用，指明标准的适用界限。需要强调的是，这里要阐述的是标准中的规定有什么用，而不是描写标准所涉及的标准化对象有什么用。通常陈述的内容可包含三个方面：①在哪用（适用领域）；②给谁用（标准的使用者）；③如果需要，可以对标准化对象进行细化、补充，从而进一步明确标准化对象。在需要时，还可补充陈述标准不适用的界限。这一部分的内容通常在范围的第二段中给出。

通过范围的阐述，要明确界定标准化对象及其特定方面或内容，并指明标准的适用性或适用界限。

2. 范围的表述

范围中关于标准化对象的陈述应使用下列典型的表述形式：

本标准

  ——规定了……的要求。

     ……的尺寸。

     ……的特征。

  ——确立了……的系统。

     ……的一般原则。

  ——描述了……的方法。

     ……的途径。

     ……的程序。

  ——提供了/给出了……的建议。

       ……的指导。

       ……的指南。

  ——界定了……的术语。

     ……的符号。

     ……的分类。

在给出了上述陈述之后，还应给出标准适用性的陈述。如有必要，还可给出标准不适用的范围。标准适用性的陈述一般另起一段，应使用下述典型的表述形式：

——本标准适用于……。

——本标准适用于……，也适用于……。

——本标准适用于……，……也可参照（参考）使用。

——本标准适用于……，不适用于……。

对不适用的范围也可另起一段陈述，如：

——本标准不适用于……。

针对不同的文件，应将上述表述中的"本标准……"改为"GB/T ×××××的本部分……""本部分……"或"本指导性技术文件……"。

为了便于标准的叙述，在范围一章中常常对标准名称中较长的、标准中需要重复使用的词组给出简称。如："本标准规定了家用和类似用途快热式热水器（以下简称"热水器"）的性能要求、结构要求、描述了相应的试验方法……"。请注意，这里的简称通常仅限于在该标准中使用，并不一定是相关领域中固定的简称。

（二）产品标准的范围中如何陈述标准的主要内容

在产品标准范围的第一部分陈述标准的"主要内容"时，首先应明确标准所涉及的具体产品（标准化对象），然后应指出标准涉及的主要技术内容。在陈述涉及的主要技术内容时应将标准的技术要素进行有机地整合、提炼，使读者一目了然知道标准中规定的技术内容。其中在陈述标准包含的技术要求时，应指出所涉及的各类技术要求（见第三章第二节）。

产品标准的范围应与反映标准类型的标准名称相呼应。以下给出了不同类型的产品标准［见第一章第一节"四"中的（二）］如何在范围中陈述标准的"主要内容"。

1. 技术要求类产品标准陈述标准主要内容的典型表述

对于技术要求类产品标准，标准名称的补充要素中会含有"技术要求"。如果标准中规定了针对多个目的（见第二章第二节的"三"）的两类以上的技术要求（如使用性能、理化性能、人类工效性能、环境适应性等，见第三章第二节），在范围中陈述标准化对象时应指明标准中规定的核心技术要素中的各类技术要求，典型的表述形式为：

本标准规定了……［产品］的……等技术要求。

【示例 5-12】

> 本标准规定了……［产品］的使用性能、理化性能、人类工效性能以及结构及材料等技术要求。

【示例 5-13】

> 本标准规定了防护服的人类工效性能、老化、尺寸、标识方面的技术要求，并规定了生产厂商应提供的有关信息。

［选自 GB/T 20097—2006《防护服　一般要求》，做了适当改动］

如果产品标准中仅规定了一两类技术要求，则应在范围中指明具体要求的种类。典型的表述形式为：

　　——"本标准规定了……［产品］的……要求。"
　　——"本标准规定了……［产品］的……尺寸。"
　　——"本标准规定了……［产品］的……特性。"

【示例 5-14】

> 本标准规定了铣刀和铣刀刀杆或芯轴之间的互换尺寸，……

［选自 GB/T 6132—2006《铣刀和铣刀刀杆的互换尺寸》］

【示例 5－15】

> 本标准规定了船用导航雷达（以下简称雷达）接口及安装要求。

［选自 GB/T 14555—2015《船用导航雷达接口及安装要求》，做了适当改动］

2. 规范类产品标准陈述标准主要内容的典型表述

对于规范类产品标准，标准名称的补充要素中会含有"规范"。在范围中陈述标准化对象时至少应说明标准中规定的核心技术要素中的"技术要求"的种类和"试验方法"，如标准中还涉及其他技术要素，也应做相应的说明。

典型的表述形式为："本标准规定了⋯⋯［产品］的⋯⋯技术要求，描述了相应的试验方法，⋯⋯"。

【示例 5－16】

> 本标准规定了整粒白胡椒（Piper nigrum L.）和白胡椒粉的感官、物理和化学特性等技术要求，描述了相应的试验方法，给出了有关标志、包装等内容。

［选自 GB/T 7900—2008《白胡椒》，做了适当改动］

3. 完整的产品标准陈述标准主要内容的典型表述

对于完整的产品标准，在其范围中陈述标准化对象时应首先阐明标准中规定的核心技术要素中的各类技术要求，以及取样，试验方法，标志（标签或随行文件），然后陈述产品分类（标记或编码）等技术要素。

在阐明技术要求时应尽可能分别说明标准中规定的技术要求的种类，如使用性能、理化性能、人类工效性能，环境适应性等等。

典型表述形式为："本标准规定了⋯⋯［产品］的⋯⋯技术要求，以及取样，试验方法，检验规则，标志（标签或随行文件）等内容，并界定了相应的产品分类（标记或编码）"。

【示例 5－17】

> 本标准规定了家用和类似用途电动洗衣机（以下简称"洗衣机"）的使用性能、人类工效性能，结构、材料等技术要求，以及取样、试验方法，检验规则，标志、包装、运输和贮存等内容，并界定了有关的术语和定义以及产品的分类。

4. 通用类产品标准陈述标准主要内容的典型表述

对于通用类产品标准，标准名称的补充要素中会含有"通用要求""总规范"等表述。在范围中陈述标准化对象时应特别指明标准中规定的内容是"通用的"或"总的"规范或要求。

对于通用规范类产品标准的典型表述形式为："本标准规定了⋯⋯［产品］的⋯⋯通用技术要求（或总体要求），描述了相应的试验方法，⋯⋯"。

对于通用技术要求类产品标准的典型表述形式为："本标准规定了……［产品］的……通用要求。"

示例 5 - 18 给出了一个范围的表述不恰当的例子。从标准名称可看出该文件是标准的第 1 部分，它规定的是各类灌溉阀的通用要求，但在范围的阐述中，并没有看出所阐述的文件是一个具有"通用"性质的文件。

【示例 5 - 18】　范围的表述不恰当的例子

GB/T ×××××的本部分规定了灌溉阀的设计要求、性能要求、一致性评定以及标志和包装等。

［选自 GB/T ×××××.1—2011　农业灌溉设备　灌溉阀　第 1 部分：通用要求］

（三）产品标准的范围中如何陈述标准的适用性

产品标准适用性的陈述通常包括标准适用的领域、使用者（用户）。通过适用性的陈述阐明产品标准的适用界限，如有必要还可以阐述标准不适用的界限。

请注意，在指出标准的使用者的同时要说明标准中的这些规定有什么用；其中，在阐明标准的使用者时，要指出使用者是制造方或供应方（第一方），用户或订货方（第二方）或独立机构，如立法机构、认证机构或监管机构（第三方）。

示例 5 - 19～示例 5 - 23 给出了产品标准的范围表述的示例，其中第一段陈述的是标准化对象或标准的主要内容。示例 5 - 20 和示例 5 - 21 的第一段中还显示了标准中未涉及的内容。示例 5 - 21 的第二段以及其他示例的最后一段表明了如何陈述标准中的规定有什么用。

【示例 5 - 19】

本标准规定了高粱、麸皮、稻糠……等原材料的技术要求及检验方法。
本标准用于本公司对外采购原材料时作为接收依据。

【示例 5 - 20】

本标准规定了农业灌溉滴头、滴灌管及其配套接头的机械性能、结构、材料等技术要求和试验方法，以及为确保滴头、滴灌管及其配套接头在田间正确安装和使用，要求制造厂提供的资料。本标准未涉及管道堵塞方面的性能要求。

本标准仅涉及流量不大于 24 L/h（冲洗时间除外）的滴头、与滴水元件制成一体的滴流和涓流灌溉的滴灌管、滴灌带（包括可折叠滴灌带）或管系，以及连接滴灌管、滴灌带或管系的专用接头。

本标准适用于滴头和滴灌管的制造方声明产品符合性，或作为制造方与采购方签署贸易合同的依据，也可作为认证机构的认证依据。本标准不适用于渗灌管（沿整个长度上渗水的管道）。

［选自 GB/T 17187—2009《农业灌溉设备　滴头和滴灌管　技术规范和试验方法》，做了适当改动］

【示例 5－21】

> 本标准规定了自行式工业车辆（包括带门架的）和伸缩臂式越野叉车以及额定牵引力不大于 20 000 N 的牵引车的电气要求、验证方法、需提供的使用信息，给出了不符合标准的危险列表。本标准不涉及与电磁兼容有关的问题。
>
> 本标准适用于蓄电池电压符合 ISO 1044 的车辆的设计和制造。
>
> 本标准不适用于在潜在爆炸性环境下使用的车辆。

［选自 GB/T 27544—2011《工业车辆　电气要求》，做了适当改动］

【示例 5－22】

> 本标准规定了碳素结构钢和合金结构钢（圆钢、方钢和六角形钢）冷拉和磨光钢材的尺寸与外形、硬度及力学性能等技术要求，以及试验方法、检验规则、包装标志及质量证明书以及订货合同或订单包括的内容，并界定了钢材按使用加工用途的分类。
>
> 本标准适用于优质结构钢的贸易活动。

［选自 GB/T 3078—2008《优质结构钢冷拉钢材》，做了适当改动］

【示例 5－23】

> 本标准规定了平板式扫描仪的使用性能、人类工效性能、安全、环境适应性、外观结构等技术要求，以及试验方法，检验规则，标志、包装、运输和贮存等。
>
> 本标准适用于平板式扫描仪的设计、开发、生产、测试和验收。

（四）范围表述需注意的问题

在产品标准的范围中经常出现一些不正确的表述，因此在编写时需要注意以下方面。

1. 不应规定要求

由于范围是规范性一般要素，因此不应包含要求。任何针对标准化对象提出的要求，都应在标准的"规范性技术要素"的章条中规定，而不应在范围一章中涉及。

示例 5－24 和示例 5－25 中下划线标出的内容都属于要求，不应在范围中涉及。

【示例 5－24】 **范围的表述不恰当的例子**

> 本标准适用于安装在有洁净度要求或类似场所的灯具。
> 本标准应与 GB 7000.1 一起使用。

【示例 5－25】 **范围的表述不恰当的例子**

> 本标准适用于家用和类似用途快热式热水器。
> 本标准所涉及的热水器的安全性能应符合 GB 4706.1 和 GB 4706.11 的要求。

2. 不宜仅停留在写出标准中规范性要素的标题

范围需要对标准名称中无法涉及的必要内容进行补充。这种补充要通过对标准的规范性技术要素的内容进行高度的概括和有机的总结来完成。这里强调的是概括和总结，不宜仅停留在罗列标准中规范性技术要素的标题。在有些情况下标题并不能完全反映其中的技术。如果标准有目次，在范围中这种与目次重复的罗列也是没有意义的。

【示例 5 - 26】　范围的表述不恰当的例子

> 本标准规定了家用和类似用途电动洗衣机（以下简称"洗衣机"）的术语和定义、产品分类、技术要求、试验方法、检验规则、标志、包装、运输和贮存。

［选自《家用和类似用途电动洗衣机》］

示例 5 - 26 显示，该标准在阐述标准的主要技术内容时，对标准中技术要素的标题进行简单的罗列，与标准的目次完全一样，没有提供更进一步的信息。对于产品标准，建议将标准中要素"技术要求"的内容进行概括后，在范围中陈述。参见前文的示例 5 - 17，它是对相应标准的范围进行调整之后的陈述。

3. 不应仅仅是标准名称的重复或重新组合

在陈述标准化对象以及涉及的主要技术内容时，要将标准名称的内容全部涵盖，但又不应仅仅是将标准名称进行简单的重复或重新组合。

另外，在陈述标准的适用性时，也不应仅仅重复标准名称，或仅仅简单地提到标准化对象。示例 5 - 27 给出了在陈述标准的适用性时的错误案例，即只简单重复了标准名称。

【示例 5 - 27】　范围的表述不恰当的例子

> 本标准适用于防护服一般要求。

［选自《防护服　一般要求》］

三、规范性引用文件

规范性引用文件是一个可选的规范性一般要素。它的功能为以清单形式列出标准中规范性引用的文件，以便标准的使用者快速了解要想无障碍地应用标准，还需要准备的其他文件。

产品标准中是否需要设置规范性引用文件这一要素，取决于编写完成的技术要素的内容是否规范性引用了其他文件，哪怕只引用了一个文件，也应设置第 2 章"规范性引用文件"这一要素。

（一）规范性引用文件一章的内容和编写

"规范性引用文件"一章的内容由"引导语 ＋ 规范性引用的文件清单"组成，其表达形式相对固定。

1. 引导语

规范性引用文件一章中，在列出所引用的文件清单之前应有一段固定的引导语，即：

"下列文件对于本文件的应用是必不可少的。凡是注日期的引用文件，仅注日期的版本适用于本文件。凡是不注日期的引用文件，其最新版本（包括所有的修改单）适用于本文件。"

上述引导语适用于所有标准化文件，包括标准、分部分标准的某个部分、国家标准化指导性技术文件等。

2. 引用文件清单中所列文件的表述

在引导语之后，要列出标准中所有规范性引用的文件，这些文件构成了规范性引用文件清单。

（1）对于标准中注日期的引用文件，应在规范性引用文件清单中给出文件的年号或版本号以及完整的名称。对于注日期引用的标准则给出标准的编号和标准名称，例如：

GB/T 10561—2005　钢中非金属夹杂物含量的测定　标准评级图显微检验法

（2）对于标准中不注日期的引用文件，不应在规范性引用文件清单中给出文件的年号或版本号，但仍需给出完整的名称。对于不注日期引用的标准则仅给出标准的代号、顺序号和标准名称，例如：

GB/T193　普通螺纹　直径与螺距系列

（3）对于标准中注日期引用某个分部分标准的所有部分或多个部分，当所有部分或多个部分为同一年发布时，需要在文件清单中给出"标准代号""顺序号及第1部分的编号""连接号（～）""顺序号及最后部分的编号"，然后给出年号以及各部分所属标准的名称，即名称中的引导要素（如有）和主体要素，而不给出名称中的补充要素。例如：

GB/T 12729.1～12729.9—2008　香辛料和调味品

在注日期引用的情况下，如果所有部分不是同一年发布的，则需要按照列出注日期引用文件的方式分别列出每个部分。

（4）对于标准中不注日期引用某个分部分出版的标准的所有部分，应在规范性引用文件清单中的标准顺序号后增加"（所有部分）"并列出各部分所属标准的名称，即引导要素（如有）和主体要素，而不给出名称中的补充要素。例如：

GB/T 5095（所有部分）　电子设备用机电元件　基本试验规程及测量方法

（5）标准中如果直接引用了国际标准，在文件清单中列出这些国际标准时，应在国际标准编号后给出国际标准名称的中文译名，并在其后的圆括号中给出原文名称。例如：

ISO 13849 - 1 机械安全　控制系统有关安全部件　第 1 部分：设计通则（Safety of machinery—Safety - related parts of control systems—Part 1：General principles for design）

（二）产品标准中经常规范性引用的文件类型

根据产品标准的特点，产品标准经常引用的文件包括：试验方法标准、其他产品标准、分类标准、术语标准等。

1. 试验方法标准

由于一种试验方法常常能够同时适用（或者经过小的变动就可以适用）检验多种产品的某种特性，因此试验方法往往被制定成单独的标准或标准的单独部分。在产品标准中对各项技术指标提出要求后，往往需要提供相应的试验方法以便证实是否产品符合相关标准。这种情况下如果现行的试验方法标准适用，则无需在产品标准中另行编写试验方法，只是采取引用的方式即可。

由于在整个标准体系中存在大量试验方法标准，在产品标准中往往又大量涉及试验方法，因此试验方法标准是产品标准引用最多的标准。有些产品标准中的大多数试验方法都引用了试验方法标准。

2. 其他产品标准或产品规范

技术要求是产品标准的核心技术要素，同时又是必备要素，在任何产品标准中都应有技术要求。一旦某个需要规定的技术要求在其他产品标准或产品规范中已经规定并且适用，正在编写的产品标准的相关技术要求就应引用其他产品标准或规范。

由于特定产品的产品标准往往未考虑通用的需求，因此在产品标准中引用其他产品标准或产品规范的情况没有引用试验方法标准那么普遍。然而，对于通用类产品标准中的技术要求，往往被系列标准中的其他产品标准所引用。

3. 分类标准

产品标准中规定要求时，经常针对系列产品或许多相关产品，因此在标准中往往需要对涉及的产品进行分类，以便标准中的规定更有针对性。有些产品分类编写在产品标准中，有些形成单独的分类标准，尤其是需要在更大的范围（如产品所属领域的范围）确定相关产品的位置，更能明确产品的类别的情况下，产品分类更需要形成单独的分类标准。

现实标准体系中确实存在着大量的分类标准，在制定具体产品标准时，如果标准需要对相关类别的产品进行规定，这时可以引用现行有效并且适用的分类标准。

4. 术语标准

产品标准中，在规定各类规范性技术要素的过程中会涉及大量术语，这些术语一旦需要界定，就要设置"术语和定义"这一要素，以便对相关术语的概念进行界定。

一旦检索到在相关领域中已有单独的术语标准界定了该领域的概念体系，则仅引用相关的术语标准即可，无需自行定义。由于产品标准的技术要素中通常都会涉及需要界定的术语，因此，在产品标准中引用相关的术语标准还是比较普遍的。

第二节　资料性要素的编写

在编写完成产品标准的规范性一般要素之后，就要开始着手通用要素中的资料性要素的编写工作。编写资料性要素时应根据特定标准的需要选择各自的具体要素。编写顺序往往先从引言开始，其次是前言、参考文献、索引、目次、封面等。其中的前言和封面是标准的必备要素，是完成标准必须要编写的内容，其他要素需要根据具体情况进行选择。只有所有需要的资料性要素编写完毕后，一个完整的标准草案才算完成。

一、引言

引言是一个可选的资料性概述要素。引言的主要功能是说明与标准技术背景、内容有关的信息，以便标准使用者更好地理解标准的技术内容。在引言中说明的事项主要和标准本身的技术内容密切相关，与标准的前言相比较，引言和标准正文的关系更为密切。

由于引言是资料性概述要素，因此不应包含要求。引言中可给出下列内容：

——编制标准的原因；

——有关标准技术内容的特殊信息或说明；

——如果标准内容涉及了专利，则应在引言中给出有关专利的说明。（详见GB/T 1.1—2009，附录 C 的 C.3）

如果需要说明上述内容，则应以"引言"作标题，在标准的前言之后，也就是标准的正文之前设置引言这一要素。

引言不应编号。如果引言的内容需要分条时，应仅对条编号，编为 0.1、0.2等。根据情况，引言中的条可选择设标题和不设标题。

引言中如果有图、表、公式，均应使用阿拉伯数字从 1 开始对它们进行编号，正文中相关内容的编号与引言中的编号连续。

二、前言

前言是标准的资料性概述要素，同时又是一个必备要素。每一项产品标准或者标准的每一部分都应有前言。前言应位于目次（如果有的话）之后，引言（如果有的话）之前，用"前言"作标题。

前言的功能是陈述其所在的文件与其他文件的关系等信息，例如，与其他部分的关系，与先前版本的关系、与国际文件的关系等。与标准的引言相比较，前言和标准正文的关系较为松散。

由于前言是资料性概述要素，因此在前言中不应包含要求和推荐型条款。鉴于内容的限制［见下文的（一）到（七）］，前言也不应包含公式、图和表。前言应视情况依次给出的内容和具体表述如下。

（一）标准结构的说明

这项内容只有在系列标准或分部分标准的前言中才会涉及。如果所编写的产品标准为系列标准或分部分标准，则在第一项标准或标准的第 1 部分的前言的开头就应说明标准的预计结构。在系列标准的每一项标准或分部分标准的每一个部分中应列出所有已经发布或预计发布的其他标准或其他部分的名称，而不必说明标准的预计结构。

（二）标准编写依据的规则的阐述

任何标准的编写，只要是遵守了 GB/T 1.1 的规定，就应包含该项内容。在表述标准编写所依据的规则时应提及 GB/T 1.1。例如："本标准按照 GB/T 1.1—2009《标准化工作导则　第 1 部分：标准的结构和编写》给出的规则起草。"

（三）标准所代替的标准或文件的说明

如果编制的标准是对现行标准的修订，或因为新标准的发布代替了其他文件，这时在前言中需要说明两方面的内容。

1. 说明与先前标准或其他文件的关系

首先需要指出与先前标准或文件的代替关系，给出被代替或废除的标准（含修改单）或其他文件的编号和名称（加书名号）；如果代替多个文件，应一一给出编号和名称；如果代替其他标准中的部分内容时，应明确指出被代替的具体内容。

2. 说明与先前版本相比的主要技术变化

说明与先前标准或其他文件的关系之后，应给出当前版本与先前版本相比的主要技术变化。一般来讲，新版本与旧版本相比主要技术变化无外乎以下三种：

——删除了先前版本中的某些技术内容；

——增加了新的技术内容；

——修改了先前版本中的技术内容。

说明与先前版本相比主要技术变化时，一般按照所涉及章条的前后顺序逐一陈述。针对上述三种技术变化情况，通常使用"删除""增加"和"修改"三种表述。在每一个陈述技术变化之后的括号中应给出所涉及的新、旧版本的有关章条或附录等。

（四）与国际文件、国外文件关系的说明

如果所制定的标准是以国外文件为基础形成的，可在前言陈述与相应文件的关系。

如果所制定的标准与国际文件存在着一致性程度（等同、修改或非等效）的对应关系，那么应按照 GB/T 20000.2《标准化工作指南　第 2 部分：采用国际标准》的有关规定陈述与对应国际文件的关系。

（五）有关专利的说明

在产品标准编制过程中，如果尚未识别出涉及专利，应在前言中用如下典型表述说明相关内容："请注意本文件的某些内容可能涉及专利。本文件的发布机构不承担识别这些专利的责任。"

（六）归口和起草信息的说明

在标准的前言中应视情况依次给出下列信息：

——"本标准由××××提出。"（根据情况可省略）

——"本标准由全国××××标准化技术委员会（SAC/TC××）归口。"

——"本标准由全国××××标准化技术委员会（SAC/TC××）提出并归口。"

——"本标准起草单位：××××、××××、××××。"

——"本标准主要起草人：×××、×××、×××。"

（七）标准所代替标准的版本情况的说明

如果所编写的标准的早期版本多于一版，则应在前言中说明所代替标准的历次版本的情况。该信息的提供，一方面可以让标准使用人员对标准的发展及变化情况有一个全面的了解；另一方面也可以给以后的标准修订工作提供方便，使参加标准修订的人员能够准确地掌握标准各版本的情况。

一个新标准与其历次版本的关系存在着各种情况，有的比较简单，有的情况又很复杂。无论哪种情况，应力求准确地给出标准各版本发展变化的清晰轨迹。

前言中在表述上述（一）到（七）的内容时应根据具体的文件，将其中的"本标准……"相应地改为"GB/T ×××××的本部分……""本部分……"或"本指导性技术文件……"。

三、参考文献

参考文献是一个可选的资料性补充要素。参考文献的主要功能是列出编写标准的过程中资料性引用，或者依据、参考过的一些文件，以便标准使用者参考。

当有必要将这些文件列出时，应以"参考文献"作标题，在标准的最后一个附录之后设置"参考文献"这一要素。在参考文献中可以列出以下文件：

——标准条文中提及的文件；

——标准条文中的注、图注、表注中提及的文件；

——标准中资料性附录提及的文件；

——标准中的示例所使用或提及的文件；

——在"术语和定义"一章中定义后的方括号中标出的术语和定义所出自的文件；

——摘抄形式引用时，在标准条文的抄录内容处的方括号中标出的摘抄内容所出自的文件；

——标准编写过程中依据或参考的文件。

在文献清单中的每个参考文献前应在方括号中给出序号。参考文献中如果列出国际、国外标准或其他国际、国外文献，则应直接给出原文，无须将原文翻译后给出中文译名。

四、索引

索引是一个可选的资料性补充要素。索引的主要功能是提供一个不同于目次的检索标准内容的途径，它可以从另一个角度方便标准使用者检索标准。

产品标准很少选择设置索引。如果为了增加标准的适用性，需要设置索引，则应以"索引"作标题，将其作为标准的最后一个要素。电子文本的索引最好自动生成。

建立索引时，应将标准的规范性技术要素中需要查找的"关键词"作为检索的对象；索引中关键词的顺序依据其汉语拼音字母顺序排列；针对每个关键词应检索到它所对应的最低层次（条、章、附录）的编号，如关键词位于表中，则应检索到表的编号。索引中检索的"关键词"不应来自：

——前言、引言；

——标准名称、范围、规范性引用文件；

——资料性附录（一般不被索引）；

——注、脚注、图注、表注、示例。

五、目次

目次是一个可选的资料性概述要素。目次的功能是提供一个不同于索引的检索标准内容的工具，以便标准使用者可以一目了然地了解标准的结构和主要内容（通过章条的标题）。

如果产品标准需要设置目次，则应以"目次"作标题，将其置于封面之后。标准中的各个要素在目次中出应按照下列内容及顺序依次列出，同时还应给出这些内容所在的页码。

a）前言；

b）引言（如有）；

c）章的编号、标题；

d）条的编号、标题（需要给出条时，才列出，并且只能列出带有标题的条）；

e）附录编号，附录性质［即"（规范性附录）"或"（资料性附录）"］，附录标题；

f）附录章的编号、标题（需要给出附录的章时，才列出）；

g）附录条的编号、标题（需要给出附录的条时，才列出，并且只能列出带有标题的条）；

h）参考文献（如有）；

i）索引（如有）；

j）图的编号、图题（需要时才列出，并且只能列出带有图题的图）；

k）表的编号、表题（需要时才列出，并且只能列出带有表题的表）。

标准中"术语和定义"一章中的术语不应在目次中列出。在编写产品标准的目次时，强烈建议至少列出规范性技术要素中的第一层次的条。对于核心技术要素"技术要求"，将其下的条列在目次中将有利于读者快速了解产品标准中都规定了哪些方面的技术要求。

在电子文件中，目次应自动生成，不需手工编排。这样可以避免手工编辑目次造成的遗漏、错误等现象。

六、封面

封面是标准的资料性概述要素，同时又是一个必备要素。每一项产品标准或者标准的每一部分都应有封面。封面具有十分特殊的功能，即在标准封面上标示识别标准的重要信息。

　　在标准封面上需要标示以下 12 项内容：标准的层次、标准的标志、标准的编号、被代替标准的编号、国际标准分类号（ICS 号）（企业标准可省略）、中国标准文献分类号（企业标准可省略）、备案号（不适用于国家标准）、标准名称、标准名称对应的英文译名（企业标准可省略）、与国际标准的一致性程度标识（企业标准可省略）、标准的发布和实施日期、标准的发布部门或单位。

　　国家标准征求意见稿和送审稿的封面显著位置还应按 GB/T 1.1—2009 附录 C 中 C.1 的规定，给出征集标准是否涉及专利的信息。

参考文献

[1] 白殿一等. 标准的编写[M]. 北京：中国标准出版社，2009.

[2] 白殿一. 标准编写知识问答[M]. 北京：中国标准出版社，2013.

[3] 白殿一. 标准编写指南——GB/T 1.2—2002 和 GB/T 1.1—2000 的应用[M]. 北京：中国标准出版社，2002.

[4] 王建中. 产品标准编写指南[M]. 北京：中国标准出版社，1997.

[5] GB/T 1.1—2009　标准化工作导则　第 1 部分：标准的结构和编写[S].

[6] GB/T 67—2016　开槽盘头螺钉[S].

[7] GB/T 201—2015　铝酸盐水泥[S].

[8] GB 338—2004　工业用甲醇[S].

[9] GB/T 714—2015　桥梁用结构钢[S].

[10] GB/T 1266—2006　化学试剂　氯化钠[S].

[11] GB/T 1703—2008　力车内胎[S].

[12] GB 2763—2005　食品中农药最大残留限量[S].

[13] GB/T 2822—2005　标准尺寸[S].

[14] GB/T 3078—2008　优质结构钢冷拉钢材[S].

[15] GB/T 3098.1—2010　紧固件机械性能　螺栓、螺钉和螺柱[S].

[16] GB 3565—2005　自行车安全要求[S].

[17] GB/T 4288—2008　家用和类似用途电动洗衣机[S].

[18] GB 4706.1—2005　家用和类似用途电器的安全　第 1 部分：通用要求[S].

[19] GB 4706.24—2008　家用和类似用途电器的安全　洗衣机的特殊要求[S].

[20] GB/T 6132—2006　铣刀和铣刀刀杆的互换尺寸[S].

[21] GB 7059—2007　便携式木梯　安全要求[S].

[22] GB/T 7900—2008　白胡椒[S].

[23] GB/T 8186—2011　挤奶设备　结构与性能[S].

[24] GB/T 10268—2008　铀矿石浓缩物[S].

[25] GB 10631—2013　烟花爆竹　安全与质量[S].

[26] GB/T 11718—2009　中密度纤维板[S].

[27] GB/T 12214—1990　熔模铸造用硅砂、粉[S].

[28] GB 12899—2003　手持式金属探测器通用技术规范[S].

[29] GB/T 14556—1993　船用导航雷达接口要求[S].

[30] GB 15346—2012　化学试剂 包装及标志[S].

[31] GB /T 15706—2012 机械安全 设计通则 风险评估与风险减小[S].

[32] GB/T 16499—2008 安全出版物的编写及基础安全出版物和多专业共用安全出版物的应用导则[S].

[33] GB/T 16755—2015 机械安全 安全标准的起草与表述规则[S].

[34] GB/T 16856—2015 机械安全 风险评估 实施指南和方法举例[S].

[35] GB/T 17112—1997 定心钻[S].

[36] GB/T 17185—2012 钢制法兰管件[S].

[37] GB/T 17187—2009 农业灌溉设备 滴头和滴灌管 技术规范和试验方法[S].

[38] GB 17565—2007 防盗安全门通用技术条件[S].

[39] GB/T 17929—2007 汽车用石英钟[S].

[40] GB/T 17951—2005 硬磁材料一般技术条件[S].

[41] GB 18401—2010 国家纺织产品基本安全技术规范[S].

[42] GB/T 18691.1—2011 农业灌溉设备 灌溉阀 第1部分：通用要求[S].

[43] GB/T 18788—2008 平板式扫描仪通用规范[S].

[44] GB/T 19518.2—2004 爆炸性气体环境用电气设备 电阻式伴热器 第2部分：设计、安装和维护指南[S].

[45] GB/T20000.1—2014 标准化工作指南 第1部分：标准化和相关活动的通用术语[S].

[46] GB/T 20001.3—2015 标准编写规则 第3部分：分类标准[S].

[47] GB/T 20001.4—2015 标准编写规则 第4部分：试验方法标准[S].

[48] GB/T 20001.10—2014 标准编写规则 第10部分：产品标准[S].

[49] GB/T 20002.1—2008 标准中特定内容的起草 第1部分：儿童安全[S].

[50] GB/T 20002.3—2014 标准中特定内容的起草 第3部分：产品标准中涉及环境的内容[S].

[51] GB/T 20002.4—2015 标准中特定内容的起草 第4部分：标准中涉及安全的内容[S].

[52] GB/T 20097—2006 防护服 一般要求[S].

[53] GB/T 21179—2007 镍及镍合金废料[S].

[54] GB/T 21218—2007 电气用未使用过的硅绝缘体[S].

[55] GB/T 21661—2008 塑料购物袋[S].

[56] GB/T 22374—2008 地坪涂装材料[S].

[57] GB 22793.1—2008 家具 儿童高椅 第1部分：安全要求[S].

[58] GB/T 23118—2008 家用和类似用途滚筒式洗衣干衣机技术要求[S].

[59] GB/T 23149—2008 洗衣机牵引器技术要求[S].

[60] GB/T 23330—2009 服装 防雨性能要求[S].

[61] GB/T 23658—2009 弹性体密封圈 输送气体燃料和烃类液体的管道和配件用密封圈的材料要求[S].

[62] GB/T 23880—2009　饲料添加剂　氯化钠[S].

[63] GB/T 24001—2004　环境管理体系　要求及使用指南[S].

[64] GB/T 24021—2001　环境管理　环境标志和声明　自我环境声明（Ⅱ型环境标志）[S].

[65] GB/T 24024—2001　环境管理　环境标志和声明　Ⅰ型环境标志　原则和程序[S].

[66] GB/T 24025—2009　环境标志和声明　Ⅲ型环境声明　原则和程序[S].

[67] GB/T 24040—2008　环境管理　生命周期评价　原则与框架[S].

[68] GB/T 24044—2008　环境管理　生命周期评价　要求与指南[S].

[69] GB/T 24062—2009　环境管理　将环境因素引入产品的设计和开发[S].

[70] GB 24461—2009　洁净室用灯具技术要求[S].

[71] GB/T 24694—2009　玻璃容器　白酒瓶[S].

[72] GB/T 24716—2009　公路沿线设施太阳能供电系统通用技术规范[S].

[73] GB 24938—2010　低速货车自卸系统　安全技术要求[S].

[74] GB/T 25361.1—2010　内燃机　活塞销　第1部分：技术要求[S].

[75] GB/T 21737—2008　为消费者提供商品和服务的购买信息[S].

[76] GB/T 26185—2010　快热式热水器[S].

[77] GB/T 26197—2010　烟花爆竹用硫化锑[S].

[78] GB/T 26225—2010　信息技术　移动存储　闪存盘通用规范[S].

[79] GB/T 26974—2011　平板型太阳能集热器吸热体技术要求[S].

[80] GB/T 27000—2006　合格评定　词汇和通用原则[S].

[81] GB/T 27007—2011　合格评定　合格评定用规范性文件的编写指南[S].

[82] GB/T 27050.1—2006　合格评定　供方的符合性声明　第1部分：通用要求[S].

[83] GB/T 27050.2—2006　合格评定　供方的符合性声明　第2部分：支持性文件[S].

[84] GB/T 27544—2011　工业车辆　电气要求[S].

[85] GB 28007—2011　儿童家具通用技术条件[S].

[86] GB 30422—2013　无极荧光灯　安全要求[S].

[87] ISO/IEC Directives—Part 2：2011，Rules for the structure and drafting of International Standards[S].

标准编写软件 TCS 2017

下载路径：http://www.spc.org.cn/gb168/product/tcsdownload

序列号：B1E880F1C70f198b